Andrea Hansen

Bioinformatik

Ein Leitfaden für Naturwissenschaftler

2. überarbeitete und erweiterte Auflage

Springer Basel AG

Autorin:

Andrea Hansen
Hermann-Hummel-Str. 9
D-82166 Gräfelfing

Bibliografische Information der Deutschen Bibliothek
Die Deutsche Bibliothek verzeichnet diese Publikation in der Deutschen Nationalbiografie;
detaillierte bibliografische Daten sind im Internet über http://dnb.ddb.de abrufbar.

ISBN 978-3-7643-6253-9   ISBN 978-3-0348-7855-5 (eBook)
DOI 10.1007/978-3-0348-7855-5

© 2004 Springer Basel AG
Ursprünglich erschienen bei Birkhäuser Verlag 2004
Gedruckt auf säurefreiem Papier, hergestellt aus chlorfrei gebleichtem Zellstoff
Computer-to-plate Vorlage durch die Autorin erstellt
Umschlaggestaltung: Micha Lotrovsky, 4106 Therwil, Schweiz

ISBN 978-3-7643-6253-9

9 8 7 6 5 4 3 2 1   www.birkhasuer-science.com

Inhaltsverzeichnis

Vorwort

Vorwort zur zweiten, überarbeiteten Auflage

Für die zweite Auflage wurden nahezu alle Kapitel überarbeitet und ergänzt. Neu dazugekommen sind die drei Kapitel *Sequenzformate*, *Primerdesign* und *Genomanalyse*. In dem Kapitel *Sequenzformate* werden Elektropherogramme und deren Umwandlung in andere Sequenzformate erklärt. Das Kapitel *Primerdesign* beschäftigt sich mit unterschiedlichen Möglichkeiten, Primer zu entwerfen. Am ausführlichsten ist das Kapitel *Genomanalyse* geworden, welches Methoden zur Genvorhersage und zur funktionellen Analyse beschreibt.

Ich möchte mich an dieser Stelle bei allen aufmerksamen Lesern für Anregungen und Verbesserungsvorschläge bedanken. Frau K. Neidhart und Herrn Dr. H. D. Klüber vom Birkhäuser Verlag danke ich für die vielen Anregungen und die gute Zusammenarbeit.

Auch für diese Auflage wird es Aktualisierungen und eine komplette Liste aller Links auf der folgenden Internetseite geben:

http://www.bioinformatik.de/mybooks/

Andrea Hansen
Gräfelfing, im Juni 2004

Vorwort zur ersten Auflage

Das vorliegende Buch ist aus dem Skript zum Praktikum „Angewandte Bioinformatik" entstanden. Das Praktikum findet seit dem Sommersemester 2000 an der Heinrich-Heine-Universität in Düsseldorf im Rahmen des kombinierten Nebenfaches Bioinformatik/Informatik für Biologen statt.

Das Praktikum ist als Einstieg in die Sequenzanalyse gedacht, genauso wie dieses Buch. Es soll all denen, die zum ersten Mal mit biologischen Sequenzen arbeiten, helfen, in der Bioinformatik als Anwender Fuß zu fassen. Gleichzeitig sind aber auch diejenigen angesprochen, die schon Erfahrung mit der Sequenzanalyse haben, denen aber bisher die Zeit fehlte, doch einmal genauer nachzulesen, was z. B. der Unterschied zwischen BLAST und FASTA ist.

In den einzelnen Kapiteln werden die Grundlagen der Algorithmen vom einfachen und multiplen Sequenzvergleich erklärt, Methoden zur Datenbanksuche beschrieben und die phylogenetische Analyse der Sequenzdaten dargestellt. Am Ende jedes Kapitels steht eine kurze Zusammenfassung des Inhalts, gefolgt von Verweisen auf Beispielprogramme und Webadressen. Die Listen sind nicht vollständig, sollen jedoch eine erste Anlaufstelle sein. Ich habe mich bemüht, für jede Methode ein Online-Tool zu finden oder aber Software, die kostenlos aus dem Internet heruntergeladen werden kann.

Da das Internet ziemlich kurzlebig ist, gibt es Aktualisierungen und alle erwähnten Links in diesem Buch unter

http://www.bioinformatik.de/mybooks/

Andrea Hansen
Düsseldorf, im Februar 2001

1

Einstieg in die Sequenzanalyse

Die Bioinformatik ist nur auf den ersten Blick eine junge Wissenschaft, tatsächlich ist sie jedoch schon wesentlich älter als ihr Name. Die ersten Algorithmen zur Sequenzanalyse wurden in den 50er Jahren benötigt, als die ersten Proteinsequenzen verfügbar wurden. Daher sind die ältesten Analysemethoden auch auf Proteine abgestimmt. Nachdem Fred Sanger 1975 die enzymatische Sequenzierung von DNA erfunden hatte, stieg auch die Anzahl der Nukleotidsequenzen kontinuierlich an. Mit den Jahren wurden die Sequenzierungstechniken und -strategien von Nukleotiden und Proteinen derartig optimiert, dass die Anzahl der verfügbaren Sequenzen inzwischen exponentiell wächst (siehe Abbildung 2.1).

Zu den ersten Bioinformatikern gehören Needleman & Wunsch (1970), die sich Gedanken zum direkten globalen Vergleich von Sequenzen gemacht haben. Margaret Dayhoff (1978) schuf eine Ähnlichkeitsmatrix, in der die Aminosäuren in ähnliche und nicht-ähnliche unterteilt werden. Damit war ein wichtiges Maß geschaffen, mit dem man ähnliche Sequenzen genauer miteinander vergleichen konnte. Smith & Waterman (1981b) entwickelten ein weiteres wichtiges Werkzeug, das optimale lokale Alignment von zwei Sequenzen. Einige Jahre später brachten Feng & Doolittle (1987) einen Ansatz zum multiplen Sequenzvergleich, der von Thompson (1994) optimiert wurde. Henikoff & Henikoff konnten in den 90er Jahren die Ähnlichkeitsmatrix von Dayhoff verbessern, nicht zuletzt deshalb, weil ihnen mehr Sequenzen zur Verfügung standen (Henikoff and Henikoff, 1992) .

Auf den Algorithmen von Needleman & Wunsch und Smith & Waterman basieren auch heute noch die gängigen Methoden zur Sequenzanalyse. Die Algorithmen werden ständig weiterentwickelt, um sie nicht nur auf den Vergleich einzelner Gene, sondern auch auf den Vergleich ganzer Genome anzuwenden.

Das Wachstum der Sequenzdaten erfordert Datenbanken und damit auch Suchalgorithmen, mit denen diese durchsucht werden können. Dabei spielen

Wilbur & Lipman (1983) (k-tuple), Pearson & Lipman (1988) (FASTA) und
Altschul, Gish, Miller, Myers & Lipman (1990) (BLAST) wichtige Rollen. Sie
erfanden heuristische Methoden, um eine möglichst schnelle Datenbanksuche
zu ermöglichen. Mit zunehmender Komplexität der Datenbanken wird auch die
Datenbanksuche komplizierter. Die Datenbanken sind heute nicht mehr nur reine Sequenzdatenbanken. Für jede nur denkbare Fragestellung gibt es inzwischen
spezialisierte Datenbanken, die die Informationen für den Anwender aufbereiten
und anbieten.

2

Primäre Datenbanken

Die drei größten primären Sequenzdatenbanken weltweit sind: **Genbank** (USA), **EMBL** (England) und **DDBJ** (Japan). Diese drei Datenbanken sind die ersten Anlaufstellen zur Sequenzsuche, da hier Wissenschaftler aus der ganzen Welt ihre Protein- und Nukleotidsequenzen eintragen, unabhängig von Art und Herkunft der Sequenz.

Ein Buch zur Bioinformatik ohne mindestens ein Kapitel über Datenbanken zu schreiben, ist undenkbar. Allerdings ist es auch nicht einfach, da sich nichts schneller ändert als das Internet und damit natürlich auch die biologischen Datenbanken. Seit 1996 gibt es jedes Jahr in der ersten Januar-Ausgabe von *Nucleic Acids Research* einen Überblick über alle öffentlich verfügbaren biologischen Datenbanken. Während 1996 knapp 60 verschiedene Datenbanken erwähnt wurden, so hat sich diese Zahl bis Januar 2004 mit über 540 Datenbanken mehr als verneunfacht. Übrigens erscheint in der gleichen Zeitschrift jedes Jahr im Juli eine Ausgabe über Online-Tools.

Bei den biologischen Sequenzdatenbanken muss man zwischen primären und abgeleiteten Datenbanken unterscheiden. In primären Datenbanken findet man Nukleotid- und Proteinsequenzen, wenigstens über eine Stichwortsuche recherchierbar. Die Datenbanken enthalten entweder Sequenzen aller Organismen oder sind spezialisiert auf bestimmte Organismen, Organismengruppen oder Zellorganellen. Abgeleitete Datenbanken enthalten gefilterte und interpretierte Sequenzinformationen (siehe Kapitel 8).

Es ist nicht sehr sinnvoll, im Rahmen dieses Buches auf all die speziellen primären Datenbanken einzugehen. Allerdings gibt es unter den primären Datenbanken drei Hauptdatenbanken: Genbank, EMBL (European Molecular Biology Laboratory) und DDBJ (DNA Databank of Japan). Diese drei sind die

ersten Anlaufstellen zur Sequenzsuche, da hier Wissenschaftler aus der ganzen
Welt ihre Protein- und Nukleotidsequenzen eintragen, unabhängig von Art und
Herkunft der Sequenz. Alle anderen primären Datenbanken erhalten ihre Se-
quenzinformationen direkt oder indirekt aus den drei Hauptdatenbanken.

Aufgrund einer Kollaboration (*International Nucleotide Sequence Database
Collaboration*) von Genbank, EMBL und DDBJ erfolgt täglich ein Abgleich der
Einträge, so dass man nicht in allen dreien nach den neuesten Sequenzdaten
suchen muss; der Informationsgehalt ist identisch. Somit verringert sich die Anzahl der Hauptdatenbanken eigentlich auf eine, die dreimal weltweit gespiegelt
vorliegt.

Die Abbildung 2.1 gibt einen Eindruck vom exponentiellen Wachstum der
Sequenzdaten weltweit. 1982 waren es noch 606 einzelne Sequenzen (680 338
Basenpaare), im Dezember 2003 existierten bereits 32 549 400 Sequenzeinträge,
das entspricht 37 893 844 733 einzelnen Basenpaaren (Genbank Release 140.0,
`ftp://ftp.ncbi.nih.gov/genbank/gbrel.txt`).

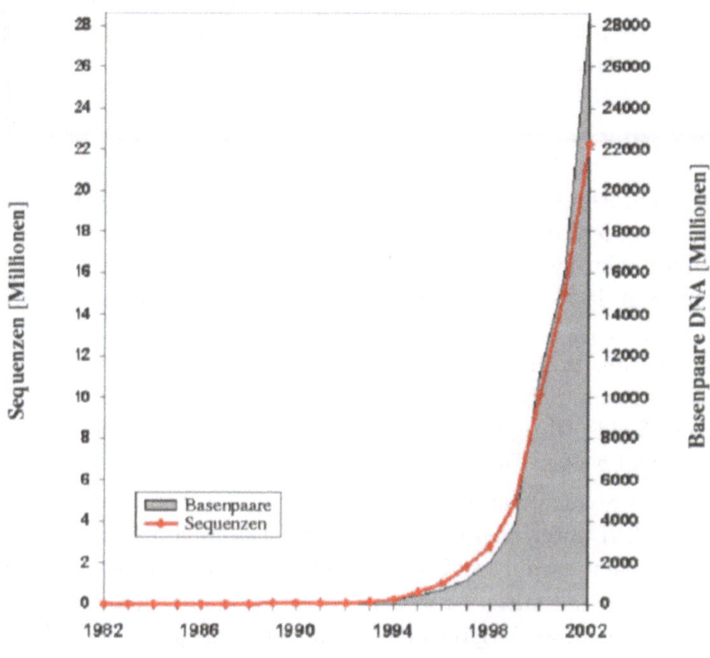

Abbildung 2.1: Wachstum der Genbank von 1982 bis 2002, Quelle:
http://www.ncbi.nlm.nih.gov/Genbank/genbankstats.html

2.1 Genbank am NCBI

Die Genbank in den USA gehört zum NCBI, dem *National Center for Biotechnology Information*. Sie ist eine öffentliche Sequenzdatenbank, die Protein- und Nukleotidsequenzen aus mehr als 140 000 verschiedenen Organismen enthält (Benson et al., 2004). Die Sequenzen gelangen meist durch den direkten Eintrag der Wissenschaftler in die Datenbank und erhalten dann von der Genbank automatisch eine Accessionnumber.

Die **Accessionnumber** ist eine einmalig vergebene Nummer, die jede Sequenz beim Eintrag in eine Datenbank bekommt. Sie ist eindeutig und letztendlich die einzige Möglichkeit, eine Sequenz klar zu identifizieren. In der Regel besteht sie aus einer Kombination von Buchstaben und Zahlen: Ältere Einträge haben einen Buchstaben und fünf Zahlen (z. B. Z12345), neuere Einträge zwei Buchstaben und sechs Zahlen (z. B. AB123456).

Ein Sequenzeintrag in der Genbank gliedert sich in zwei Teile: die Annotation und die Sequenz. Am Anfang des Eintrages steht die **Annotation**. Darunter versteht man eine sehr genaue Beschreibung der Sequenz. Sie enthält alle Daten, die zum Zeitpunkt des Eintragens in die Datenbank über die Sequenz bekannt sind, wie z. B. Locus, genaue Definition der Gen-/Proteinfunktion und die dazugehörige Veröffentlichung in einem Journal. Anschließend folgt die Sequenz. Ein Beispieleintrag in der Genbank sieht folgendermaßen aus [1]:

```
GenBank Format

LOCUS       LISOD          756 bp    DNA             BCT       30-JUN-1993
DEFINITION  L.ivanovii sod gene for superoxide dismutase.
ACCESSION   X64011 S78972
NID         g44010
VERSION     X64011.1  GI:44010
KEYWORDS    sod gene; superoxide dismutase.
SOURCE      Listeria ivanovii.
  ORGANISM  Listeria ivanovii
            Bacteria; Firmicutes; Bacillus/Clostridium group; Bacillaceae;
            Listeria.
REFERENCE   1  (bases 1 to 756)
  AUTHORS   Haas,A. and Goebel,W.

  TITLE     Cloning of a superoxide dismutase gene from Listeria ivanovii by
            functional complementation in Escherichia coli and characterization
            of the gene product
  JOURNAL   Mol. Gen. Genet. 231 (2), 313-322 (1992)
  MEDLINE   92140371
REFERENCE   2  (bases 1 to 756)
  AUTHORS   Kreft,J.
  TITLE     Direct Submission
  JOURNAL   Submitted (21-APR-1992) J. Kreft, Institut f. Mikrobiologie,
            Universitaet Wuerzburg, Biozentrum Am Hubland, 8700 Wuerzburg, FRG
```

Fortsetzung auf der nächsten Seite

---

[1] Quelle: http://www.ncbi.nlm.nih.gov/collab/FT/index.html

```
FEATURES             Location/Qualifiers
     source          1..756
                     /organism="Listeria ivanovii"
                     /strain="ATCC 19119"
                     /db_xref="taxon:1638"
     RBS             95..100
                     /gene="sod"
     gene            95..746
                     /gene="sod"
     CDS             109..717
                     /gene="sod"
                     /EC_number="1.15.1.1"
                     /codon_start=1
                     /transl_table=11
                     /product="superoxide dismutase"
                     /protein_id="CAA45406.1"
                     /db_xref="SWISS-PROT:P28763"
                     /translation="MTYELPKLPYTYDALEPNFDKETMEIHYTKHHNIYVTKLNEAVS
                     GHAELASKPGEELVANLDSVPEEIRGAVRNHGGGHANHTLFWSSLSPNGGGAPTGNLK
                     AAIESEFGTFDEFKEKFNAAAAARFGSGWAWLVVNNGKLEIVSTANQDSPLSEGKTPV
                     LGLDVWEHAYYLKFQNRRPEYIDTFWNVINWDERNKRFDAAK"
     terminator      723..746
                     /gene="sod"
BASE COUNT        247 a      136 c      151 g      222 t
ORIGIN
        1 cgttatttaa ggtgttacat agttctatgg aaatagggtc tatacctttc gccttacaat
       61 gtaatttctt ttcacataaa taataaacaa tccgaggagg aattttttaat gacttacgaa
      121 ttaccaaaat taccttatac ttatgatgct ttggagccga attttgataa agaaacaatg
      181 gaaattcact atacaaagca ccacaatatt tatgtaacaa aactaaatga agcagtctca
      241 ggacacgcag aacttgcaag taaacctggg gaagaattag ttgctaatct agatagcgtt
      301 cctgaagaaa ttcgtggcgc agtacgtaac cacggtggtg gacatgctaa ccatacttta
      361 ttctggtcta gtcttagccc aaatggtggt ggtgctccaa ctggtaactt aaaagcagca
      421 atcgaaagcg aattcggcac atttgatgaa ttcaaagaaa aattcaatgc ggcagctgcg
      481 gctcgttttg gttcaggatg ggcatggcta gtagtgaaca atggtaaact agaaattgtt
      541 tccactgcta accaagattc tccacttagc gaaggtaaaa ctccagttct tggcttagat
      601 gtttgggaac atgcttatta tcttaaattc caaaaccgtc gtcctgaata cattgacaca
      661 ttttggaatg taattaactg ggatgaacga aataaacgct ttgacgcagc aaaataatta
      721 tcgaaaggct cacttaggtg ggtcttttta tttcta
//
```

Ursprünglich war das NCBI eine reine Sequenzdatenbank, inzwischen bietet
es viele weitere kostenlose Dienstleistungen an, wie z. B. die Literaturrecherche
in der *National Library of Medicine* (PUBMED) und Taxonomiesuchen im *Taxo-nomy Browser* (Wheeler et al., 2000). Die Datenbanken am NCBI werden über
das ENTREZ-System verknüpft, einer Suchmaschine, die eine spezifizierte Suche
z. B. nach Accessionnumber, Organismus, Gen oder Autor ermöglicht.

Aufgrund der Größe der Genbank hat das NCBI bestimmte Sequenztypen
zu eigenen Datenbanken zusammengefasst, wobei die Daten redundant gehalten
werden, d.h. die Sequenzen sind sowohl in der Genbank enthalten als auch in
der Unterabteilung. Zu diesen speziellen Datenbanken gehören z.B.:

- **dbEST**
  Die dbEST enthält *expressed sequence tags*, kurz ESTs (Boguski et al.,
  1993). Die Zahl der ESTs steigt ständig an, da dies oft der erste Schritt in
  Richtung Genomanalyse ist. Im März 2004 enthielt die dbEST 20 151 345
  Einträge (Release 030504) aus 660 verschiedenen Organimen. Spitzenreiter
  ist hier natürlich der Mensch mit über 5,4 Millionen ESTs, gefolgt von der

Maus mit 4 Millionen ESTs.

- **UniGene** Die ESTs aus dbEST werden für die UniGene-Datenbank geklustert und assembliert (Pontius et al., 2003). Dabei wird ein spezielles, am NCBI entwickeltes Verfahren angewandt. Dazu gehört z.B., dass eventuell vorhandene Reste von Klonierungsvektoren und Primern abgeschnitten werden. Außerdem befinden sich in UniGene nur Kluster von proteinkodierenden Genen aus dem Zellkern; ribosomale Gene oder Gene aus den Organellen werden herausgefiltert.

- **dbSNP**
  Single Nukleotidpolymorphismen, kurz SNPs genannt, sind kleine Unterschiede in der Nukleotidsequenz (Punktmutation) zwischen unterschiedlichen Individuen der gleichen Art, die etwa alle 100 bis 300 bp im Genom auftauchen. Sie treten häufig in Verbindung mit bestimmten Merkmalsausprägungen oder Krankheiten auf.

- **Genome**
  Die Genome-Datenbank des NCBIs enthält die Genome von über 1000 Spezies, wobei die Genome entweder schon komplett sequenziert sind (z.B. *Arabidopsis thaliana*) oder aber Sequenzierprojekte laufen. Man findet die Genome von Archaea, Prokaryoten und Eukaryoten sowie von Organellen, Viren und Plasmiden. Die graphische Darstellung des Genoms erleichtert die Suche in der Datenbank.

- **Trace Archive**
  In dieser Datenbank befinden sich nicht nur Sequenzinformationen sondern auch die Elektrophreogramme ihrer Sequenzierung. Dadurch weiss man nicht nur, an welcher Position in der Sequenz welches Nukleotid steht, sondern auch wie groß die Wahrscheinlichkeit für genau dieses Nukleotid ist. Mit entsprechenden Sequenzanalyseprogrammen, die Elektropherogramme einlesen können, kann man so bei der Verarbeitung der Sequenzen die Bereiche ausschließen, die nicht sicher sind.

2.2 EMBL

In Europa werden die Sequenzdaten seit 1982 in der *EMBL Nukleotide Sequence Database* verwaltet (Baker et al., 2000). EMBL steht für *European Molecular Biology Laboratory* mit Sitz in Heidelberg. Die Datenbank liegt physikalisch allerdings in England, genauer gesagt in Hinxton (Cambridge) am EBI, dem *European Bioinformatics Institute*. Am EMBL ist das SRS (*Sequence Retrieval System*) entwickelt worden. Dieses ist ähnlich wie ENTREZ am NCBI eine Suchmaschine, die die Datenbank nach bestimmten Stichworten, Accessionnumbers usw. durchsucht. Das besondere am SRS-System ist das gleichzeitige Durchsuchen der EMBL-Datenbank und vieler weiterer Datenbanken über ein Web-Interface.

Im folgenden ist ein Beispieleintrag [2] in der EMBL-Datenbank abgebildet.

```
EMBL format

ID   LISOD        standard; DNA; PRO; 756 BP.
XX
AC   X64011; S78972;
XX
SV   X64011.1
XX
DT   28-APR-1992 (Rel. 31, Created)
DT   30-JUN-1993 (Rel. 36, Last updated, Version 6)
XX
DE   L.ivanovii sod gene for superoxide dismutase
XX
KW   sod gene; superoxide dismutase.
XX
OS   Listeria ivanovii
OC   Bacteria; Firmicutes; Bacillus/Clostridium group;
OC   Bacillus/Staphylococcus group; Listeria.
XX
RN   [1]
RX   MEDLINE; 92140371.
RA   Haas A., Goebel W.;
RT   "Cloning of a superoxide dismutase gene from Listeria ivanovii by
RT   functional complementation in Escherichia coli and characterization of the
RT   gene product.";
RL   Mol. Gen. Genet. 231:313-322(1992).
RN   [2]
RP   1-756
RA   Kreft J.;
RT   ;
RL   Submitted (21-APR-1992) to the EMBL/GenBank/DDBJ databases.
RL   J. Kreft, Institut f. Mikrobiologie, Universitaet Wuerzburg, Biozentrum Am
RL   Hubland, 8700 Wuerzburg, FRG
XX
DR   SWISS-PROT; P28763; SODM_LISIV.
XX
FH   Key             Location/Qualifiers
FT   source          1..756
FT                   /db_xref="taxon:1638"
FT                   /organism="Listeria ivanovii"
FT                   /strain="ATCC 19119"
FT   RBS             95..100
FT                   /gene="sod"
FT   terminator      723..746
FT                   /gene="sod"
FT   CDS             109..717
FT                   /db_xref="SWISS-PROT:P28763"
FT                   /transl_table=11
FT                   /gene="sod"
FT                   /EC_number="1.15.1.1"
FT                   /product="superoxide dismutase"
FT                   /protein_id="CAA45406.1"
FT                   /translation="MTYELPKLPYTYDALEPNFDKETMEIHYTKHHNIYVTKLNEAVSG
FT                   HAELASKPGEELVANLDSVPEEIRGAVRNHGGGHANHTLFWSSLSPNGGGAPTGNLKAA
FT                   IESEFGTFDEFKEKFNAAAAARFGSGWAWLVVNNGKLEIVSTANQDSPLSEGKTPVLGL
FT                   DVWEHAYYLKFQNRRPEYIDTFWNVINWDERNKRFDAAK"
```

Fortsetzung auf der nächsten Seite

---

[2]Quelle: http://www.ncbi.nlm.nih.gov/collab/FT/index.html

```
XX
SQ   Sequence 756 BP; 247 A; 136 C; 151 G; 222 T; 0 other;
        cgttatttaa ggtgttacat agttctatgg aaatagggtc tataccttic gccttacaat        60
        gtaatttctt ttcacataaa taataaacaa tccgaggagg aatttttaat gacttacgaa       120
        ttaccaaaat taccttatac ttatgatgct ttggagccga attttgataa agaaacaatg       180
        gaaattcact atacaaagca ccacaatatt tatgtaacaa aactaaatga agcagtctca       240
        ggacacgcag aacttgcaag taaacctggg gaagaattag ttgctaatct agatagcgtt       300
        cctgaagaaa ttcgtggcgc agtacgtaac cacggtggtg gacatgctaa ccatacttta       360
        ttctggtcta gtcttagccc aaatggtggt ggtgctccaa ctggtaactt aaaagcagca       420
        atcgaaagcg aattcggcac atttgatgaa ttcaaagaaa aattcaatgc ggcagctgcg       480
        gctcgttttg gttcaggatg ggcatggcta gtagtgaaca atggtaaact agaaattgtt       540
        tccactgcta accaagattc tccacttagc gaaggtaaaa ctccagttct tggcttagat       600
        gtttgggaac atgcttatta tcttaaattc caaaaccgtc gtcctgaata cattgacaca       660
        ttttggaatg taattaactg ggatgaacga aataaacgct ttgacgcagc aaaataatta       720
        tcgaaaggct cacttaggtg ggtcttttta tttcta                                756
//
```

2.3 DDBJ

Die dritte Datenbank der Kollaboration ist die *DNA Databank of Japan,* kurz
DDBJ (Tateno et al., 2000). Hier ist die Sequenzsuche zum einen über **getentry**
möglich, einer recht einfachen Suchmaschine. Die DDBJ bietet andererseits aber
ebenso wie EMBL das SRS an. Im folgenden ein Beispieleintrag in der DDBJ[3].

```
DDBJ Format

LOCUS        LISOD          756 bp      DNA            BCT        30-JUN-1993
DEFINITION   L.ivanovii sod gene for superoxide dismutase.
ACCESSION    X64011 S78972
NID          g44010
VERSION      X64011.1
KEYWORDS     sod gene; superoxide dismutase.
SOURCE       Listeria ivanovii.
  ORGANISM   Listeria ivanovii
             Bacteria; Firmicutes; Bacillus/Clostridium group; Bacillaceae;
             Listeria.
REFERENCE    1
  AUTHORS    Haas,A. and Goebel,W.
    TITLE    Cloning of a superoxide dismutase gene from Listeria ivanovii by
             functional complementation in Escherichia coli and characterization
             of the gene product.
  JOURNAL    Mol. Gen. Genet. 231, 313-322(1992)
  MEDLINE    92140371
REFERENCE    2  (bases 1 to 756)
  AUTHORS    Kreft,J.
  JOURNAL    Submitted (21-APR-1992) to the EMBL/GenBank/DDBJ databases. J.
             Kreft, Institut f. Mikrobiologie, Universitaet Wuerzburg, Biozentrum
             Am Hubland, 8700 Wuerzburg, FRG
```

Fortsetzung auf der nächsten Seite

---

[3]Quelle: http://www.ncbi.nlm.nih.gov/collab/FT/index.html

```
FEATURES             Location/Qualifiers
     source          1..756
                     /organism="Listeria ivanovii"
                     /db_xref="taxon:1638"
                     /strain="ATCC 19119"
     RBS             95..100
                     /gene="sod"
     terminator      723..746
                     /gene="sod"
     CDS             109..717
                     /db_xref="SWISS-PROT:P28763"
                     /transl_table=11
                     /gene="sod"
                     /EC_number="1.15.1.1"
                     /product="superoxide dismutase"
                     /protein_id="CAA45406.1"
                     /translation="MTYELPKLPYTYDALEPNFDKETMEIHYTKHHNIYVTKLNEAVSG
                     HAELASKPGEELVANLDSVPEEIRGAVRNHGGGHANHTLFWSSLSPNGGGAPTGNLKAA
                     IESEFGTFDEFKEKFNAAAAARFGSGWAWLVVNNGKLEIVSTANQDSPLSEGKTPVLGL
                     DVWEHAYYLKFQNRRPEYIDTFWNVINWDERNKRFDAAK"
BASE COUNT      247 a      136 c      151 g      222 t
ORIGIN
        1 cgttatttaa ggtgttacat agttctatgg aaatagggtc tatacctttc gccttacaat
       61 gtaatttctt ttcacataaa taataaacaa tccgaggagg aattttttaat gacttacgaa
      121 ttaccaaaat taccttatac ttatgatgct ttggagccga attttgataa agaaacaatg
      181 gaaattcact atacaaagca ccacaatatt tatgtaacaa aactaaatga agcagtctca
      241 ggacacgcag aacttgcaag taaacctggg gaagaattag ttgctaatct agatagcgtt
      301 cctgaagaaa ttcgtggcgc agtacgtaac cacggtggtg gacatgctaa ccatacttta
      361 ttctggtcta gtcttagccc aaatggtggt ggtgctccaa ctggtaactt aaaagcagca
      421 atcgaaagcg aattcggcac atttgatgaa ttcaaagaaa aattcaatgc ggcagctgcg
      481 gctcgttttg gttcaggatg ggcatggcta gtagtgaaca atggtaaact agaaattgtt
      541 tccactgcta accaagattc tccacttagc gaaggtaaaa ctccagttct tggcttagat
      601 gtttgggaac atgcttatta tcttaaattc caaaaccgtc gtcctgaata cattgacaca
      661 ttttggaatg taattaactg ggatgaacga aataaacgct ttgacgcagc aaaataatta
      721 tcgaaaggct cacttaggtg ggtcttttta tttcta
//
```

2.4   Nicht-redundante primäre Datenbanken

Das Problem der drei großen Datenbanken ist ihre Redundanz. Die Daten
werden zum größten Teil von den Wissenschaftlern selbst eingetragen, sie bestimmen die Beschreibung und den Namen der Sequenzen. Dabei passiert es
natürlich, dass viele identische Sequenzen unter verschiedenen Namen doppelt
eingetragen werden. Aus diesem Grund gibt es viele primäre Datenbanken, die
die Einträge von den drei großen Datenbanken übernehmen, dabei jedoch die
Informationen filtern und die Annotationen überprüfen. Der Inhalt dieser Datenbanken ist nicht redundant.

Ein Beispiel für eine nicht-redundante Datenbank ist die *Universal Protein
Resource*, kurz UniProt (Apweiler et al., 2004). UniProt ist 2002 durch einen Zu-
sammenschluß aus Swiss-Prot (Boeckmann et al., 2003), PIR-PSD (Wu et al.,
2003) und TrEMBL (Boeckmann et al., 2003) entstanden und seit Dezember
2003 *online*. Die **Swiss-Prot**-Datenbank enstand 1986 und wird heute vom
Schweizerischen Institut für Bioinformatik (SIB) und dem Europäischen Institut für Bioinformatik (EBI) aufrecht erhalten und gepflegt. Alle Einträge in dieser Datenbank sind manuell annotiert. Das besondere an Swiss-Prot ist jedoch
nicht nur die hohe Qualität der Annotationen sondern die Anzahl der Querverweise (engl. *cross references*) zu anderen Datenbanken. Im Folgenden ist ein

Ausschnitt aus einem Swiss-Prot-Eintrag zu sehen, jedoch nur die Querverweise (DR: *database cross reference*).

```
DR   EMBL; X64011; CAA45406.1; -. [EMBL / GenBank / DDBJ] [CoDingSequence]
DR   HSSP; P00448; 1MMM. [HSSP ENTRY / SWISS-3DIMAGE / PDB]
DR   InterPro; IPR001189; -.
DR   INTERPRO; Graphical view of domain structure.
DR   Pfam; PF00081; sodfe; 1.
DR   PROSITE; PS00088; SOD_MN; 1.
DR   PRODOM [Domain structure / List of seq. sharing at least 1 domain]
DR   BLOCKS; P28763.
DR   DOMO; P28763.
DR   PROTOMAP; P28763.
DR   PRESAGE; P28763.
DR   DIP; P28763.
DR   SWISS-2DPAGE; GET REGION ON 2D PAGE.
```

Durch diese Querverweise werden weltweit die Datenbanken verknüpft und dem Anwender viele neue Suchanfragen erspart. Derzeit werden Links zu 56 anderen Datenbanken von Swiss-Prot aus gesetzt (Gasteiger et al., 2001).

Während die Einträge in Swiss-Prot manuell annotiert sind, werden die Annotationen in **TrEMBL** (*translated EMBL*) automatisch erzeugt. Es handelt sich hierbei um eine automatische Translation und Annotation der proteincodierenden Sequenzeinträge aus EMBL (siehe Abschnitt 2.2). Der Grund für die automatische Annotation ist ganz einfach folgender: Die manuelle Annotation ist sehr zeitintensiv. Darum ist die Swiss-Prot-Datenbank immer wesentlich kleiner als TrEMBL. Zum Vergleich: Im März 2004 enthielt die Swiss-Prot-Release 42.21 insgesamt 146 193 Proteine, während die TrEMBL-Release 25.12 aus 1 070 786 Proteinen bestand, also fast dem zehnfachen.

Die dritte UniProt-Datenbank ist **PIR-PSD** (Protein Information Resource-Protein Sequence Database). Sie enthielt im Mai 2004 insgesamt 283 416 Einträge (Release 79.02) und ist ebenfalls eine manuell annotierte Datenbank. Darüber hinaus werden die Proteine in Familien und Superfamilien eingeteilt (Barker et al., 1996). Eine Familie wird aus eng verwandten Proteinen aus verschiedenen Organismen gebildet, wobei die Identität dieser Sequenzen untereinander mindestens 50% betragen muß, weil man davon ausgeht, dass eine 50%ige Identität ein Hinweis auf Ähnlichkeit in Struktur und Funktion ist. Die so gebildeten Familien werden zu Superfamilien geklustert. In einer Superfamilie sind all die Proteine aus einer Familie enthalten, mit denen man ein multiples Alignment (siehe Kapitel 6) erstellen kann. Voraussetzung dafür ist, dass das multiple Alignment alle Sequenzen von Anfang bis Ende umfasst und alle Proteindomänen in der gleichen Reihenfolge in den Sequenzen vorliegen.

Die **UniProt-Knowledgebase**, ist ein Zusammenschluss aus den drei oben genannten Proteindatenbanken und wie folgt aufgebaut:

- das Herzstück ist **UniProt**, welches aus zwei Teilen besteht. Der eine Teil enthält ausschließlich manuell annotierte Proteine, der andere automatisch annotierte Proteine, welche zusammen 1 406 854 Sequenzen enthalten (März 2004). Diese beiden Teile werden aus historischen Gründen Swiss-Prot und TrEMBL genannt, die Sequenzen aus PIR-PSD sind im

Swiss-Prot-Teil zu finden.

- die **UniRef**-Datenbank (*Non-redundant Reference database*) enthält drei verschiedene Arten von Klustern mit Sequenzen aus UniProt: UniRef100, UniRef90 und UniRef50. In einem UniRef100-Eintrag befinden sich alle Sequenzen aus einem Organismus, die mindestens zu 95% identisch sind. Alle Einträge aus UniRef100 mit einer Identität von 90% werden zu Klustern in UniRef90 zusammengefasst. Dementsprechend enthält UniRef50 Kluster von UniRef100 mit einer Identität von 50%. Durch das Klustern der Sequenzen wird die Größe der Datenbank stark verringert und damit die Suche sehr viel schneller. Zum Vergleich: die UniRef100 besteht aus 1 171 294, die UniRef90 aus 711 191 und die UniRef50 aus 409 874 (März 2004).

- das UniProt-Archiv, kurz **UniParc**, ist eine nicht-redundante Proteindatenbank. In ihr werden redundante Proteinsequenzen aus 30 öffentlichen Datenbanken zu einem UniParc-Eintrag zusammengefasst (im März 2004 sind es insgesamt 2 416 649) . Zu diesen Datenbanken gehören natürlich Swiss-Prot, TrEMBL und PIR-PSD, aber z.B. auch die speziesspezifischen Datenbanken von Ensembl und Patentdatenbanken. Der Vorteil eines solchen Archivs ist ganz einfach der, dass man gleichzeitig in allen 30 Datenbanken suchen kann.

Zusammenfassung

➤ Biologische Datenbanken werden in primäre und abgeleitete Datenbanken unterteilt.

   ➤ Primäre Datenbanken enthalten annotierte DNA- und Proteinsequenzen. In den Hauptdatenbanken stehen alle Sequenzen, unabhängig von Herkunft und Art; in spezialisierten Datenbanken befinden sich z. B. nur RNA-Sequenzen oder nur Sequenzen aus bestimmten Genomen, Organellen usw.

   ➤ Abgeleitete Datenbanken interpretieren und filtern die Informationen aus den primären Datenbanken, z. B. nach Proteindomänen oder der Zugehörigkeit zu Stoffwechselwegen.

➤ Die drei größten primären Datenbanken Genbank, EMBL und DDBJ werden alle 24 Stunden miteinander abgeglichen. In ihnen kann man über das SRS-System bzw. mit ENTREZ recherchieren.

Beispielprogramme und Webadressen

- Genbank am NCBI: http://www.ncbi.nlm.nih.gov

    - ENTREZ: http://www.ncbi.nlm.nih.gov/Entrez/
    - BLAST: http://www.ncbi.nlm.nih.gov/BLAST/

- dbEST: http://www.ncbi.nlm.nih.gov/dbEST/index.html

- UniGene: http://www.ncbi.nlm.nih.gov/entrez/query.fcgi?db=unigene

- dbSNP: http://www.ncbi.nlm.nih.gov/SNP/

- Genome: http://www.ncbi.nlm.nih.gov/entrez/query.fcgi?db=Genome

- Trace Archive: http://www.ncbi.nlm.nih.gov/Traces/trace.cgi?

- Sequenzanalyse-Tutorial am NCBI:
  http://www.ncbi.nlm.nih.gov/About/primer/

- EMBL: http://www.ebi.ac.uk/embl

    - SRS: http://srs.ebi.ac.uk/
    - BLAST: http://www.ebi.ac.uk/blast2/
    - FASTA: http://www.ebi.ac.uk/fasta3/
    - Sequenzanalysetutorial am EBI:
      http://www.ebi.ac.uk/2can/index.html

- DDBJ: http://www.ddbj.nig.ac.jp/

    - getentry: http://ftp2.ddbj.nig.ac.jp:8000/getstart-e.html
    - SRS: http://srs.ddbj.nig.ac.jp/index-e.html
    - BLAST: http://spiral.genes.nig.ac.jp/homology/blast-e.shtml
    - FASTA: http://spiral.genes.nig.ac.jp/homology/fasta-e.shtml

- UniProt: http://www.ebi.uniprot.org/

    - Swiss-Prot: http://www.expasy.ch/sprot/
    - TrEMBL: http://www.ebi.ac.uk/trembl/
    - PIR-PSD: http://pir.georgetown.edu/pirwww/search/textpsd.shtml

- *Nucleic Acids Research*: http://nar.oupjournals.org
  Die Datenbankausgabe im Januar und die Online Tools-Ausgabe im
  Juli sind übrigens frei zugänglich.

3

Sequenzformate

Sequenzformate spielen in der Bioinformatik ein wichtige Rolle. Die primären Sequenzformate sind meistens die Elektropherogramme aus der Sequenzierung. Da dieses Format jedoch nur von wenigen Analyseprogrammen interpretiert werden kann, muss man diese in ein anderes Format umwandeln. Das gebräuchlichste Sequenzformat ist das FASTA-Format.

Voraussetzung für die Sequenzanalyse sind Sequenzen. Diese Sequenzen stammen entweder aus Datenbanken und/oder aus dem Labor, d.h. aus Sequenzierungen, die im Labor durchgeführt worden sind. Je nachdem aus welcher Datenbank und in welchem Format man die Sequenzen heruntergeladen und wie man die Sequenzierung vorgenommen hat, hat man also mindestens zwei verschiedene Sequenzformate vorliegen. Will man aber mit diesem „Gemisch" an Sequenzformaten eine Analyse durchführen, so ist es (fast) immer notwendig, die Sequenzen in das gleiche Format zu überführen.

3.1 Elektropherogramme

Am Anfang einer Sequenzanalyse steht meistens die Sequenzierung der eigenen Sequenzen. Die Sequenzierung wird heute meist von Sequenzierautomaten übernommen. Das Ergebnis ist ein sogenanntes Elektropherogramm (siehe Abbildung 3.1). Darunter versteht man die graphische Darstellung der Signale der vier verschiedenen Nukleotide A,C,G und T. Je ausgeprägter und klarer das Signal eines Nukleotids ist, um so eindeutiger ist es. Inzwischen gibt es Datenbanken, die Sequenzen mit dem dazugehörigen Elektropherogramm speichern. Das Trace Archive am NCBI und der Trace Server von Ensembl enthalten über 300 Millionen sogenannte *traces*. Die beiden Datenbanken enthalten nahezu die gleichen Sequenzen, da sie regelmäßig synchronisiert werden. Man kann sich hier die Elektropherogramme ausgewählter Sequenzen herunterladen. Daneben besteht aber auch die Möglichkeit, die Sequenz und die Qualitätsinformation im FASTA-Format (siehe Abschnitt 3.2) herunterzuladen. Es können nämlich nicht alle Programme zur Sequenzanalyse mit den *trace files* etwas anfangen.

Abbildung 3.1: Beispiel für ein Elektrogramm: Jedes Nucleotid hat seine eigene Signalkurve.

Nach der Sequenzierung bekommt man in der Regel zwei Dateien zurück: zum einen die Sequenz im FASTA-Format (siehe 3.2), zum anderen das Elektropherogramm. Mit einem solchen Elektrogramm kann man natürlich nichts anfangen, wenn man nicht die geeignete Software zur Darstellung besitzt. Die Sequenzierautomaten liefern zwar meist die entsprechende Software mit. Lässt man jedoch die Sequenzierung von einer Sequenzierfirma vornehmen, so muss man sich diese Software selbst besorgen. Es gibt aber eine ganze Reihe von Programmen, die man sehr günstig oder sogar kostenlos erwerben kann (z.B. Chromas, BioEdit, ABIView).

Was aber machen nun diese Programme? Zum einen lesen sie das Elektropherogramm ein und stellen es graphisch dar. Hier hat dann das geübte Auge des Biologen die Möglichkeit, kritische Bereiche nachzubessern. Zum anderen aber verwandeln diese Programme das Elektrophrogramm in ein einfacheres Format, meistens FASTA, das von anderen Sequenzanalyseprogrammen lesbar ist.

3.2 FASTA

Das FASTA-Format ist das einfachste Sequenzformat. Es beginnt mit einer spitzen Klammer (>), gefolgt vom Sequenznamen. Daran anschließen kann sich noch eine Beschreibung der Sequenz. In der zweiten Zeile steht dann die eigentliche Sequenz.

```
>gi|44010|emb|X64011.1|LISOD L.ivanovii sod gene for superoxide dismutase
CGTTATTTAAGGTGTTACATAGTTCTATGGAAATAGGGTCTATACCTTTCGCCTTACAATGTAATTTCTT
TTCACATAAATAATAAACAATCCGAGGAGGAATTTTTAATGACTTACGAATTACCAAAATTACCTTATAC
TTATGATGCTTTGGAGCCGAATTTTGATAAAGAAACAATGGAAATTCACTATACAAAGCACCACAATATT
TATGTAACAAAACTAAATGAAGCAGTCTCAGGACACGCAGAACTTGCAAGTAAACCTGGGGAAGAATTAG
TTGCTAATCTAGATAGCGTTCCTGAAGAAATTCGTGGCGCAGTACGTAACCACGGTGGTGGACATGCTAA
CCATACTTTATTCTGGTCTAGTCTTAGCCCAAATGGTGGTGGTGCTCCAACTGGTAACTTAAAAGCAGCA
ATCGAAAGCGAATTCGGCACATTTGATGAATTCAAAGAAAAATTCAATGCGGCAGCTGCGGCTCGTTTTG
GTTCAGGATGGGCATGGCTAGTAGTGAACAATGGTAAACTAGAAATTGTTTCCACTGCTAACCAAGATTC
TCCACTTAGCGAAGGTAAAACTCCAGTTCTTGGCTTAGATGTTTGGGAACATGCTTATTATCTTAAATTC
CAAAACCGTCGTCCTGAATACATTGACACATTTTGGAATGTAATTAACTGGGATGAACGAAATAAACGCT
TTGACGCAGCAAAATAATTATCGAAAGGCTCACTTAGGTGGGTCTTTTTATTTCTA
```

3.3 Umwandlung von Sequenzformaten

Mit dem FASTA-Format können alle Sequenzanalyseprogramme arbeiten. Es gibt natürlich auch noch andere Möglichkeiten, um an Sequenzen zu gelangen. Zum Beispiel, wenn man sie aus Datenbanken herunterlädt. Inzwischen bieten die meisten Datenbanken zum Glück die Möglichkeit an, die jeweilige Sequenz im FASTA-Format herunterzuladen. Wenn dieser Service nicht angeboten wird, so muss man auf Umwandlungsprogramme zurückgreifen. Je nach Programm erlauben sie das Umwandeln einer Vielzahl von Formaten ineinander. Das wohl bekannteste ist ReadSeq, welches 1989 von Don Gilbert entwickelt wurde. Man kann dieses nützliche Programm auf einer Vielzahl von Servern im Web verwenden (z.B. am EBI) oder aber bei sich auf dem eigenen Computer installieren.

Zusammenfassung

➤ Eines der ursprünglichsten Sequenzformate ist das Elektropherogramm, das direkt aus der Sequenzierung von DNA stammt.

● Das am häufigsten verwendete Sequenzformat ist das FASTA-Format.

● Für die Umwandlung verschiedener Sequenzformate bedarf es spezieller Software.

Beispielprogramme und Webadressen

- *Trace Archive* am NCBI:
  http://www.ncbi.nlm.nih.gov/Traces/trace.cgi?

- *Trace Server* Ensembl: http://trace.ensembl.org/

- ABIView als Online-Tool:
  http://bioweb.pasteur.fr/seqanal/interfaces/abiview.html

- ABIView im EMBOSS-Paket (Rice et al., 2000):
  http://www.rfcgr.mrc.ac.uk/Software/EMBOSS/Apps/abiview.html

- ABIView Homepage:
  http://bioinformatics.weizmann.ac.il/software/abiview/abiview.html

- Chromas: http://www.technelysium.com.au/chromas.html

- Bioedit: http://www.mbio.ncsu.edu/BioEdit/bioedit.html

- ReadSeq als Online-Tool am EBI: http://www.ebi.ac.uk/cgi-
  bin/readseq.cgi

- ReadSeq Quellcode: http://iubio.bio.indiana.edu/soft/molbio/readseq/

4

Einfache Alignments

Alignments sind die Grundlage aller Sequenzanalysen. Das einfachste Alignment besteht aus zwei Sequenzen, die aufgrund der Position ihrer Nukleotide bzw. Aminosäuren aneinander ausgerichtet werden. Ziel ist es dabei, möglichst viele identische Positionen nebeneinander in den zu vergleichenden Sequenzen zu finden. Der Dotplot, das globale und das lokale Alignment gehören zu den gängigsten Methoden dieser Analyse. Die Bewertung des paarweisen Sequenzvergleichs erfolgt mit Hilfe einer Substitutionsmatrix.

In der Bioinformatik kennt man zwei verschiedene Arten von Sequenzen: Nukleotidsequenzen und Proteinsequenzen. Nukleotidsequenzen bestehen aus einer Abfolge von vier verschiedenen Zeichen, den Basen Adenin, Cytosin, Guanin und Thymidin (siehe Tabelle 4.1). Bei Proteinsequenzen gibt es 20 verschiedene Zeichen, aus denen die Sequenzen bestehen können, da es 20 verschiedene Aminosäuren gibt (siehe Tabelle 4.2).

Will man zwei Sequenzen vergleichen, so muß man jede einzelne Position der Sequenzen miteinander vergleichen, man erstellt ein Alignment. Darunter versteht man das Untereinanderschreiben der einzelnen Positionen der Sequenzen, wobei die einzelnen Zeichen aneinander ausgerichtet werden. Gleiche Zeichen stehen untereinander, wenn sie an der gleichen Position in den untersuchten Sequenzen auftauchen. In Abbildung 4.1 ist die einfachste Form eines paarweisen Alignments dargestellt: zwei identische Sequenzen. Die vertikalen Striche zwischen den einzelnen Positionen kennzeichnen die identischen Zeichen.

In einem Alignment nehmen die gepaarten Zeichen, die direkt untereinander stehen, verschiedene Zustände ein. Sind beide Positionen gleich (siehe Abbildung 4.2), so spricht man von einem **Match** (engl., Übereinstimmung), stehen

```
Seq 1:  TCGTTGCGAATC
        | | | | | | | | | | | |
Seq 2:  TCGTTGCGAATC
```

Abbildung 4.1: Sequenzalignment von identischen Sequenzen

unterschiedliche Zeichen untereinander, handelt es sich um einen **Mismatch** (engl., Nichtübereinstimmung). Synonym für Mismatch wird der Ausdruck **Substitution** (engl., Austausch) verwendet.

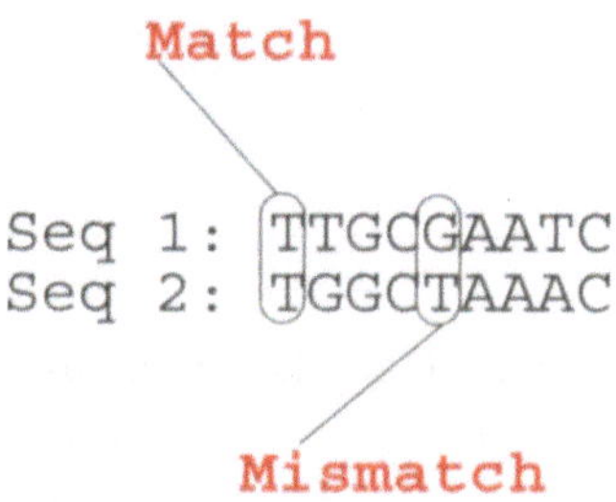

Abbildung 4.2: Definition von Match und Mismatch (Substitution)

❑ *Bei einem **Match** im Alignment muß zwischen Nukleotid- und Proteinsequenzen unterschieden werden. Die meisten Algorithmen verstehen bei Nukleotidsequenzen unter einem Match zwei identische Positionen, ein Mismatch besteht demnach aus zwei nicht-identischen Nukleotiden.*
Bei Proteinsequenzen gelten identische und ähnliche Aminosäuren als ein Match, nur sehr unterschiedliche Aminosäuren stellen ein Mismatch dar. Die Unterscheidung zwischen ähnlich oder unähnlich ergibt sich aus der verwendeten Substitutionsmatrix. Oft stehen dort alle negativen Zahlen für unähnliche Aminosäurepaare (siehe Kapitel 4.1).

Neben identischen und nicht-identischen Positionen in einem Alignment gibt es Lücken, die dadurch entstehen, dass in die Sequenzen Positionen eingefügt (**Insertionen**) oder aber entfernt werden (**Deletionen**) (siehe Abbildung 4.3). Inzwischen hat sich auch bei uns das englische Wort **Gap** (Lücke) für deren Bezeichnung durchgesetzt.

Verantwortlich für einen Mismatch, eine Insertion oder Deletion sind **Mutationen** auf DNA-Ebene. Dazu gehören alle Veränderungen der Nukleotidsequenz, die im Laufe der Evolution entstehen. Näheres zum Entstehen von Mutationen findet sich in jedem Lehrbuch der Genetik.

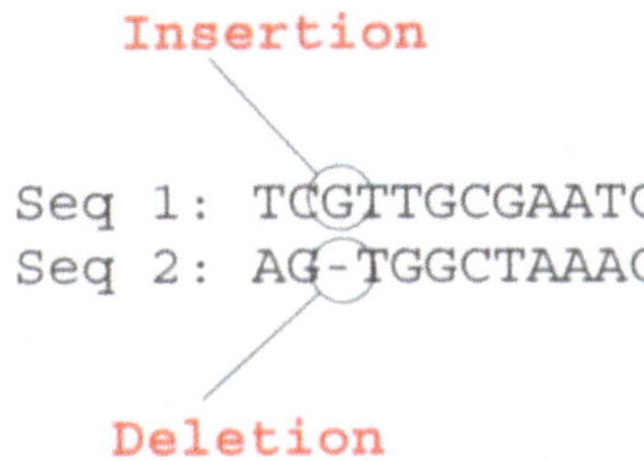

Abbildung 4.3: Definition von Insertion und Deletion

Bevor wir uns weiter mit dem Erstellen eines Alignments befassen, müssen drei Begriffe erklärt werden, die bei der Charakterisierung von Sequenzen eine große Rolle spielen: Homologie, Identität und Ähnlichkeit.

Zwei Sequenzen sind dann homolog, wenn sie von einer „Ursequenz" abstammen, also einen gemeinsamen Vorfahren haben. Man unterscheidet zwei verschiedene Arten der Homologie: paraloge und orthologe Homologie. Diese Begriffe wurden von Walter Fitch (1970) eingeführt und beschreiben die Herkunft homologer Sequenzen. Stammen die Sequenzen aus verschiedenen Spezies, so spricht man von orthologen Sequenzen. Handelt es sich dagegen um Sequenzen aus der gleichen Spezies, so werden sie als paralog bezeichnet. Die Homologie ist nicht quantitativ zu messen, entweder sind zwei Sequenzen homolog oder sie sind es nicht. Als Kriterium für ihre Homologie betrachtet man die Identität bzw. die Ähnlichkeit zueinander. **Homologie**

Die Identität (engl. *identity*) gibt Auskunft über die Anzahl der Positionen im Alignment, die identisch sind. Sie hingegen ist quantifizierbar, lässt sich eindeutig berechnen und z.B. in Prozent angeben. **Identität**

Auch die Ähnlichkeit (engl. *similarity*) ist quantifizierbar, allerdings nicht so eindeutig wie die Identität. Über die Höhe der Ähnlichkeit entscheidet die jeweilige Ähnlichkeitsmatrix, die verwendet wird, um die Ähnlichkeit zu berechnen. Diese Ähnlichkeitsmatrizen werden auch als **Substitutionsmatrizen** bezeichnet (siehe Kapitel 4.1). **Ähnlichkeit**

4.1   Substitutionsmatrizen

Bei der Berechnung und der Darstellung eines Alignments gibt es zwei Parameter, die bestimmt werden müssen: die Identität und die Ähnlichkeit. Anhand dieser Parameter läßt sich eine Aussage über die Homologie der Sequenzen machen. Wie schon oben beschrieben, ist die Identität ein Maß für die Anzahl der identischen Positionen im Alignment. Die Ähnlichkeit von zwei Sequenzen wird in Abhängigkeit von der verwendeten Substitutionsmatrix angegeben.

In einer **Substitutionsmatrix** für Nukleotidsequenzen werden alle möglichen Zeichen, also alle 4 Basen, sowohl entlang der X-Achse als auch entlang der Y-Achse notiert. Dann wird jeder Zelle in dieser Matrix ein Wert zugeteilt. Die Höhe des Wertes richtet sich nach der Stärke der Ähnlichkeit zwischen den beiden Zeichen.

Die einfachste Substitutionsmatrix ist eine Identitätsmatrix (siehe Abbildung 4.4.1). Die Bewertung erfolgt nur nach Identität oder Nicht-Identität. Entweder werden die Felder mit identischen Zeichen (siehe Abbildung 4.4.2) oder aber die mit nicht-identischen Zeichen (siehe Abbildung 4.4.3) mit einer positiven Zahl belegt.

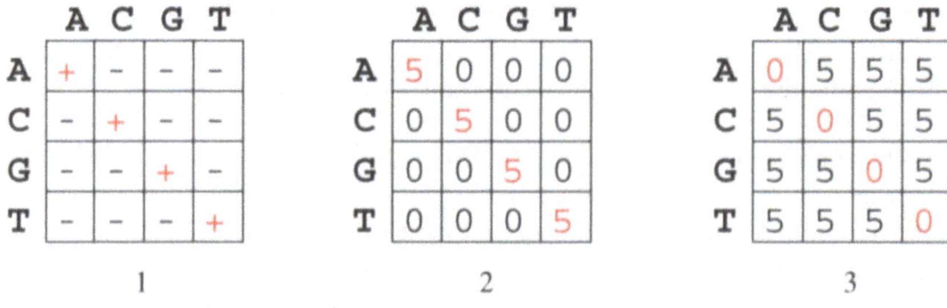

Abbildung 4.4: Identitätsmatrizen für Nukleotidsequenzen

Mit Identitätsmatrizen arbeiten jedoch nur sehr wenige Programme. Tatsächlich sind die verwendeten Substitutionsmatrizen wesentlich komplexer. Bei Nukleotidsequenzen werden nicht nur die Basen A, C, G und T berücksichtigt, sondern noch elf weitere Symbole aus dem sogenannten **IUPAC-Code**. Die IUPAC (*International Union of Pure and Applied Chemistry*) [1] ist eine internationale Organisation, die für die Naturwissenschaften die Nomenklatur festlegt. Dazu gehören auch die Zeichen für die Nukleotide der DNA (siehe Tabelle 4.1).

Mit diesen Symbolen wird selbst eine Substitutionsmatrix für Nukleotide etwas komplizierter. Abbildung 4.5 zeigt als Beispiel einen Ausschnitt einer DNA-Substitutionsmatrix. Hier bekommt das Paar A/A einen Wert von 5, aber auch das Paar A/D, da der Buchstabe D für A, G oder T steht. Das Paar A/B hingegen erhält eine 0, weil B für C, G oder T steht.

---

[1] http://www.iupac.org/

Tabelle 4.1: IUPAC-Code für Nukleotide

IUPAC	Bedeutung	IUPAC	Bedeutung
A	Adenin	Y	C oder T
C	Cytosin	K	G oder T
G	Guanin	V	A, C oder G
T	Thymidin	H	A, C oder T
M	A oder C	D	A, G oder T
R	A oder G	B	C, G oder T
W	A oder T	N	G, A, T oder C
S	C oder G		

	A	B	C	D	G	H	K	M
A	5	0	0	5	0	5	0	
B	0	5	5	5	5	5	5	
C	0	5	5	0	0	5	0	
D	5	5	0	5	5	5	5	
G	0	5	0	5	5	0		
H	5	5	5	5	0			
K								

Abbildung 4.5: Einfache Substitutionsmatrix für Nukleotidsequenzen

So wie für die Nukleotide werden auch die Substitutionsmatrizen für die Aminosäuren dargestellt. Die nachfolgende Tabelle zeigt den IUPAC-Code für Aminosäuren und den genetischen Code der einzelnen Aminosäuren.

Tabelle 4.2: IUPAC-Code für Proteinsequenzen

IUPAC	Abkürzung	Aminosäure	Genetischer Code
A	Ala	Alanin	GCT,GCC,GCA,GCG
B	Asp,Asn	Asparagin	GAT,GAC,AAT,AAC
		Asparaginsäure	
C	Cys	Cystein	TGT,TGC
D	Asp	Asparaginsäure	GAT,GAC
E	Glu	Glutaminsäure	GAA,GAG
F	Phe	Phenylalanin	TTT,TTC
G	Gly	Glycin	GGT,GGC,GGA,GGG
H	His	Histidin	CAT,CAC
I	Ile	Isoleucin	ATT,ATC,ATA
K	Lys	Lysin	AAA,AAG

IUPAC	Abkürzung	Aminosäure	Genetischer Code
L	Leu	Leucin	TTG,TTA,CTT,CTC, CTA,CTG
M	Met	Methionin	ATG
N	Asn	Asparagin	AAT,AAC
P	Pro	Prolin	CCT,CCC,CCA,CCG
Q	Gln	Glutamin	CAA,CAG
R	Arg	Arginin	CGT,CGC,CGA,CGG, AGA,AGG
S	Ser	Serin	TCT,TCC,TCA,TCG, AGT,AGC
T	Thr	Threonin	ACT,ACC,ACA,ACG
V	Val	Valin	GTT,GTC,GTA,GTG
W	Trp	Tryptophan	TGG
X	Xxx	alle	
Y	Tyr	Tyrosin	TAT, TAC
Z	Glu,Gln	Glutaminsäure Glutamin	GAA,GAG,CAA,CAG

(Fortsetzung Tabelle 4.2)

Es bleibt noch die Frage offen, wie die Werte in einer Substitutionsmatrix berechnet werden. Dazu werden im folgenden Abschnitt die beiden am häufigsten verwendeten Matrizen beschrieben.

4.1.1 PAM-Matrizen

Im wesentlichen gibt es zwei wichtige Substitutionsmatrizen, die für ein Alignment von Sequenzen herangezogen werden: PAM und BLOSUM.

Die **PAM-Matrix** wurde in den 70er Jahren von **Margaret Dayhoff** (1978) aus etwa 100 verschiedenen Proteinsequenzen berechnet, die untereinander zu mehr als 85 % identisch waren. Dazu wurden **globale Alignments** (siehe Kapitel 4.3) von nahe verwandten Gruppen erstellt. Mit Hilfe dieser Alignments wurde ausgezählt, wie häufig eine Aminosäure ausgetauscht wird und vor allem gegen welche andere Aminosäure. Das Ergebnis war eine Matrix mit 400 Feldern, da theoretisch jede der 20 Aminosäuren mit jeder anderen ausgetauscht werden kann. In jedem Feld steht eine Zahl mit der Anzahl der beobachteten Austausche in dem globalen Alignment. Es kommt z. B. oft zu einem Austausch von Asparaginsäure durch Glutaminsäure, da diese Aminosäuren chemisch sehr ähnliche Eigenschaften haben und nur ein Austausch an dritter Position im Codon nötig ist, um die eine in die andere Aminosäure zu überführen. Hingegen findet man selten einen Austausch von Glycin durch Tryptophan, weil sie sehr unterschiedlich in ihren chemischen Eigenschaften sind. Hier müsste die erste Position im Codon ausgetauscht werden, aber genau diese Position ist am konserviertesten (siehe Abbildung 4.6).

Dayhoff bezeichnet die Unterschiede in den Sequenzen als Punktmutationen (engl. *accepted point mutations*), die **unabhängig** voneinander entstanden

Abbildung 4.6: Notwendige Mutationen im Codon beim Übergang von Asparaginsäure zu Glutaminsäure und von Glycin zu Tryptophan

sind und sich im Laufe der Evolution durchgesetzt haben, da sie zu keinem Funktionsverlust führten. Mit zunehmendem evolutionären Abstand der Sequenzen nimmt ihre Ähnlichkeit ab, also die Anzahl der Punktmutationen zu. Dayhoff definiert deswegen über die Anzahl der Punktmutationen pro 100 Aminosäuren (engl. *percent accepted mutation*, **PAM**) den evolutionären Abstand zwischen zwei Sequenzen. 1 PAM bedeutet ein Austausch pro 100 Aminosäuren, 2 PAM zwei Austausche pro 100 Aminosäuren usw.

Die von Dayhoff erstellte Matrix mit den ausgezählten Punktmutationen gibt bis jetzt nur eine Auskunft über Aminosäuren, die sich tatsächlich verändert haben. Um aber auch die nicht veränderten Aminosäuren beurteilen zu können, wird die relative Mutierbarkeit berechnet. Dies ist für jede einzelne Aminosäure der Quotient aus der Anzahl der Austausche und dem Vorkommen in dem globalen Alignment. Zur Verdeutlichung ein kleines Beispiel.

$$\text{Seq 1: A B B C E A}$$
$$\text{Seq 2: A B C C F A}$$

Betrachtet man die Sequenzen Seq 1 und Seq 2, so berechnet sich die relative Mutierbarkeit der Aminosäuren so:

Aminosäure:	**A**	**B**	**C**	**E**	**F**
Anzahl der Austausche:	0	1	1	1	1
Anzahl des Vorkommens:	4	3	3	1	1
relative Mutierbarkeit:	0	0,33	0,33	1	1

Die Aminosäure A ist in diesem Beispiel hoch konserviert und wird gar nicht verändert, B und C werden ab und zu ausgetauscht und E und F sehr oft.

Kombiniert man nun die relative Mutierbarkeit der Aminosäuren mit der Matrix aus den ausgezählten Austauschen, so erhält man eine Substitutionsmatrix, die die Mutationsrate von allen Aminosäuren berücksichtigt. Dadurch wird die Substitutionsmatrix von Dayhoff zu einer Übergangswahrscheinlichkeitsmatrix, in der jedes Matrixelement die Wahrscheinlichkeit wiedergibt, dass aus der Aminosäure x die Aminosäure y wird. Die diagonalen Elemente in der Matrix geben die Wahrscheinlichkeiten dafür an, dass sich die Aminosäuren gar nicht verändern. Die Summe der diagonalen Elemente gibt die Wahrscheinlichkeit dafür an, dass es zu gar keinem Austausch kommt.

Die so von Dayhoff berechnete Matrix bezieht sich auf 1 PAM, also ein
Austausch pro 100 Aminosäuren (s. o.). Um die Matrix auch für Sequenzen zu
verwenden, die nicht so eng verwandt sind, wird sie für jeden beliebigen evolutionären Abstand extrapoliert durch eine Multiplikation mit sich selbst. So erhält
man z. B. eine 2 PAM-Matrix aus dem Quadrat der 1 PAM-Matrix. Allerdings
wird in einer 2 PAM-Matrix nicht das Produkt der Multiplikation angegeben,
sondern der Logarithmus dieser Werte, multipliziert mit dem Faktor 10 (George
et al., 1990); so entstehen die sogenannten *log odds* (Logarithmus der Wahrscheinlichkeiten) in einer PAM-Matrix. Steht in einem Feld dieser Matrix z.B.
eine 10, so bedeutet das, dass dieser Austausch zehnmal häufiger vorkommt als
man es per Zufall erwarten würde. Die positiven Zahlen in einer Matrix kennzeichnen **konservative** Austausche, die zwischen sehr ähnlichen Aminosäuren
möglich sind. Je niedriger die Zahl jedoch wird, um so unwahrscheinlicher ist
ein Austausch der Aminosäuren.

In den folgenden Abschnitten wird beschrieben, wie mit Hilfe einer Substitutionsmatrix ein Alignment berechnet wird. Die Wahl der Matrix richtet sich
nach dem erwarteten evolutionären Abstand der zu vergleichenden Sequenzen.
Vermutet man einen geringen Abstand, so wird man z. B. mit PAM40 arbeiten. Sollte der Abstand relativ groß sein, wird die Wahl vielleicht auf PAM750
fallen. Wenn man vor der Berechnung des Alignments keine Aussage über den
evolutionären Abstand machen kann, so wird PAM250 zur Analyse verwendet.
Sie gilt als ein guter Mittelweg, um beide Fälle abzudecken. Manch einer wird
sich jetzt fragen, wieso es eine PAM mit einer Zahl über 100 gibt, mehr als 100
Austausche pro 100 Aminosäuren dürfte es doch gar nicht geben. Die Antwort
ist, dass jede Aminosäure mehr als einmal ausgetauscht werden kann, man sieht
aber nur einen Austausch, wenn man die Sequenzen betrachtet. Um auch Sequenzen analysieren zu können, die einen größeren Abstand voneinander haben
als 100 PAMs, wird die PAM1 auch auf über 100 Austausche extrapoliert.

4.1.2 BLOSUM-Matrizen

Die **BLOSUM-Matrix** (**Bl**ocks **Su**bstitution **M**atrix) (siehe Kapitel 6.2.1)
wurde von Jorja und Steven Henikoff (1992) aufgestellt und basiert auf einem
lokalen Alignment (siehe Kapitel 4.4). Die Vorgehensweise zur Berechnung
der Matrix ist ähnlich wie bei der PAM-Matrix, allerdings mit dem großen
Unterschied, dass die Matrizen nicht extrapoliert werden, um auch nicht so nah
verwandte Sequenzen zu vergleichen. Jede Matrix wurde neu berechnet. Dazu
wurden lokale Alignments von Sequenzen verwendet, die zu einem bestimmten
Prozentsatz identisch sind. Die Matrix BLOSUM62 (siehe Abbildung 4.7) wurde
mit einem Alignment aus Sequenzen mit 62 % Identität berechnet. Die Nummer
der Matrix steht also für die prozentuale Identität der Sequenzblöcke, auf deren
Grundlage die Matrix berechnet wurde. Je höher also die Zahl, um so enger
verwandt sind die Sequenzen.

Zusammenfassung

➤ Substitutionsmatrizen enthalten Informationen über die Wahrscheinlichkeit, mit der die Aminosäure x gegen die Aminosäure y ausgetauscht wird. In den einzelnen Feldern stehen die **log odds** der Wahrscheinlichkeiten. Positive Zahlen kennzeichnen identische oder konservative Austausche, negative Zahlen weisen auf einen nicht-konservativen Austausch hin.

➤ Die PAM-Substitutionsmatrix basiert auf einem **globalen** Alignment von Proteinsequenzen, die zu mehr als 85 % identisch waren. Sie wurde für den evolutionären Abstand von einem PAM, also einer Punktmutation pro 100 Aminosäuren, berechnet und für jeden größeren Abstand extrapoliert durch mehrmalige Multiplikation mit sich selbst.

➤ Die BLOSUM-Substitutionsmatrix basiert auf einem **lokalen** Alignment ohne Gaps. Für jede Matrix gibt es ein spezielles Alignment, mit ausgewählten Aminosäuren neu berechnet, z. B. für BLOSUM62 mit Aminosäuren, die zu 62 % identisch sind.

➤ Je höher die Zahl der PAM-Matrix, desto niedriger die Ähnlichkeit der Sequenzen. Bei der BLOSUM-Matrix verhält es sich genau umgekehrt.

	A	B	C	D	E	F	G	H	I	K	L	M	N	P	Q	R	S	T	V	W	X	Y	Z
A	4	-2	0	-2	-1	-2	0	-2	-1	-1	-1	-1	-2	-1	-1	-1	1	0	0	-3	-1	-2	-1
B	-2	6	-3	6	2	-3	-1	-1	-3	-1	-4	-3	1	-1	0	-2	0	-1	-3	-4	-1	-3	2
C	0	-3	9	-3	-4	-2	-3	-3	-1	-3	-1	-1	-3	-3	-3	-3	-1	-1	-1	-2	-1	-2	-4
D	-2	6	-3	6	2	-3	-1	-1	-3	-1	-4	-3	1	-1	0	-2	0	-1	-3	-4	-1	-3	2
E	-1	2	-4	2	5	-3	-2	0	-3	1	-3	-2	0	-1	2	0	0	-1	-2	-3	-1	-2	5
F	-2	-3	-2	-3	-3	6	-3	-1	0	-3	0	0	-3	-4	-3	-3	-2	-2	-1	1	-1	3	-3
G	0	-1	-3	-1	-2	-3	6	-2	-4	-2	-4	-3	0	-2	-2	-2	0	-2	-3	-2	-1	-3	-2
H	-2	-1	-3	-1	0	-1	-2	8	-3	-1	-3	-2	1	-2	0	0	-1	-2	-3	-2	-1	2	0
I	-1	-3	-1	-3	-3	0	-4	-3	4	-3	2	1	3	-3	-3	-3	-2	-1	3	-3	-1	-1	-3
K	-1	-1	-3	-1	1	-3	-2	-1	-3	5	-2	-1	0	-1	1	2	0	-1	-2	-3	-1	-2	1
L	-1	-4	-1	-4	-3	0	-4	-3	2	-2	4	2	-3	-3	-2	-2	-2	-1	1	-2	-1	-1	-3
M	-1	-3	-1	-3	-2	0	-3	-2	1	-1	2	5	-2	-2	0	-1	-1	-1	1	-1	-1	-1	-2
N	-2	1	-3	1	0	-3	0	1	-3	0	-3	-2	6	-2	0	0	1	0	-3	-4	-1	-2	0
P	-1	-1	-3	-1	-1	-4	-2	-2	-3	-1	-3	-2	-2	7	-1	-2	-1	-1	-2	-4	-1	-3	-1
Q	-1	0	-3	0	2	-3	2	0	-3	1	-2	0	0	-1	5	1	0	-1	-2	-2	-1	-1	2
R	-1	-2	-3	-2	0	-3	-2	0	-3	2	-2	-1	0	-2	1	5	-1	-1	-3	-3	-1	-2	0
S	1	0	-1	0	0	-2	0	-1	-2	0	-2	-1	1	-1	0	-1	4	1	-2	-3	-1	-2	0
T	0	-1	-1	-1	-1	-2	-2	-2	-1	-1	-1	-1	0	-1	-1	-1	1	5	0	-2	-1	-2	-1
V	0	-3	-1	-3	-2	-1	-3	-3	3	-2	1	1	-3	-2	-2	-3	-2	0	4	-3	-1	-1	-2
W	-3	-4	-2	-4	-3	1	-2	-2	-3	-3	-2	-1	-4	-4	-2	-3	-3	-2	-3	11	-1	2	-3
X	-1	-1	-1	-1	-1	-1	-1	-1	-1	-1	-1	-1	-1	-1	-1	-1	-1	-1	-1	-1	-1	-1	-1
Y	-2	-3	-2	-3	-2	3	-3	2	-1	-2	-1	-1	-2	-3	-1	-2	-2	-2	-1	2	-1	7	-2
Z	-1	2	-4	2	5	-3	-2	0	-3	1	-3	-2	0	-1	2	0	0	-1	-2	-3	-1	-2	5

Abbildung 4.7: Die BLOSUM62-Matrix

4.2 Dotplot

Die einfachste Art eines paarweisen Sequenzalignments ist ein sogenannter **Dotplot** (Punktdiagramm). Unter einem Dotplot versteht man die graphische Darstellung eines Alignments in einer Matrix. Die erste Sequenz wird entlang der X-Achse geschrieben, die andere auf der Y-Achse. Überall dort, wo man identische Positionen findet, wird ein Punkt gemacht. Befinden sich mehrere gleiche Zeichen nebeneinander, so entstehen aus den Punkten Striche, die die identischen Bereiche der Sequenzen markieren. Im Idealfall, also bei absoluter Identität der Sequenzen, kommt es zu einem diagonalen Strich durch den Dotplot. Dabei treten natürlich auch noch weitere kürzere Striche bzw. einzelne Punkte auf, da die 4 Basen in einer Nukleotidsequenz und die 20 Aminosäuren in einer Proteinsequenz mehrmals auftauchen.

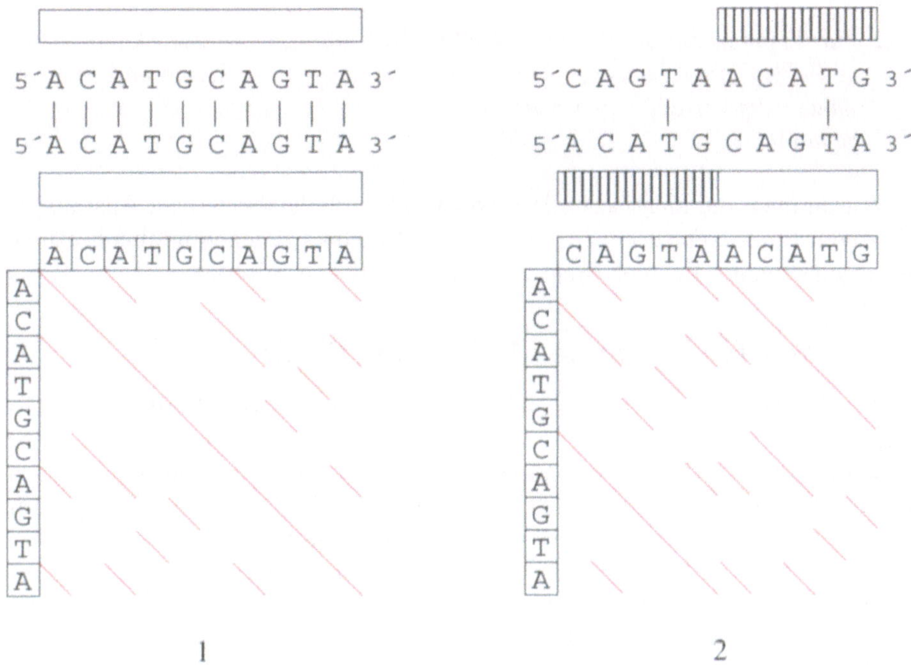

Abbildung 4.8: Verschiedene Dotplots von Nukleotidsequenzen. **1** zeigt einen Dotplot von **zwei identischen** Sequenzen, zu erkennen an dem durchgängigen diagonalen Strich. In **2** hingegen sieht es im Alignment so aus, als ob es sich um zwei sehr verschiedene Sequenzen handelt. Schaut man sich jedoch den Dotplot der Sequenzen an, so sieht man, dass die Sequenzen aus zwei gleichen Abschnitten bestehen, die in unterschiedlicher Reihenfolge angeordnet sind.

Abbildung 4.8 zeigt verschiedene Dotplots von Nukleotidsequenzen. Im ersten Beispiel werden zwei identische Sequenzen miteinander verglichen. Wie zu erwarten, erhält man den längsten Strich in der Diagonalen. Die Sequenzen im zweiten Beispiel sehen auf den ersten Blick total unterschiedlich aus, erst der Dotplot zeigt, dass die Sequenzen aus zwei Abschnitten von jeweils fünf Basen bestehen. Die Basen ACATG stehen in der oberen Sequenz am Anfang, in der unteren am Ende. Dagegen tauchen die fünf Basen CAGTA am Ende der ersten Sequenz und am Anfang der zweiten auf.

Die Berechnung eines Dotplots erfordert eine Matrix. Entweder eine Identitätsmatrix wie für das Beispiel in Abbildung 4.8 oder aber eine Ähnlichkeitsmatrix. Im ersten Fall wird nur dann ein Punkt in den Dotplot eingetragen, wenn die Sequenzen an dieser Position identisch sind, im zweiten Fall entscheidet das Erreichen eines Schwellenwertes über das Setzen eines Punktes. Dieser Schwellenwert (engl. *threshold*) bezieht sich auf den Eintrag, den ein Aminosäureaustausch in der verwendeten Substitutionsmatrix bekommen hat. Ist die Zahl kleiner als der Schwellenwert, so kommt es zu keinem Eintrag in den Dotplot, liegt die Zahl über dem Schwellenwert, wird ein Punkt an dieser Position gesetzt.

❑ *Zur Erinnerung: In PAM- und BLOSUM-Matrizen kennzeichnen positive Zahlen einen konservativen Aminosäureaustausch, kleine und negative Zahlen deuten auf einen seltenen Austausch hin, auch nicht-konservativ genannt.*

Würde man alle identischen Positionen oder alle konservativen Austausche mit einem Punkt kennzeichnen, so wäre das Ergebnis ziemlich unübersichtlich. Deswegen arbeiten Dotplot-Programme mit speziellen Filtern.

4.2.1   Fenster-Methode als Dotplot-Filter

Die Fenster-Methode wird auch nach ihren Erfindern **Maizel-Lenk-Algorithmus** (1981) genannt. Wird der Dotplot mit diesem Filter berechnet, so wird nicht jedes einzelne Feld in der Matrix betrachtet, sondern jeweils ein Fensterausschnitt einer bestimmten Größe, z. B. 20 Felder. In diesem Fenster wird mit Hilfe der verwendeten Substitutionsmatrix jedem einzelnen Feld der entsprechende Wert zugeordnet. Dann wird die Summe aus diesen Werten gebildet. Ist die Summe gleich oder größer als der vorgegebene Schwellenwert, so wird in der Mitte dieses Fensters ein Punkt gesetzt. Dann wird das Fenster um ein Feld verschoben und erneut die Summe gebildet. Auf diese Art wird die ganze Matrix bearbeitet, so dass am Ende nur in den Feldern Signale auftauchen, die von mehreren Treffern umgeben sind. Der Schwellenwert wird auch die Stringenz genannt. Das Beispiel in Abbildung 4.9 soll dieses Vorgehen verdeutlichen. Gezeigt sind Dotplots einer Aminosäuresequenz mit sich selbst. In jedem Feld steht für das jeweilige Aminosäurepaar ein Wert, der aus der BLOSUM62-Matrix (siehe Abbildung 4.7) abgelesen wurde. Das Aminosäurepaar M/L erhält z. B. eine 2 und das Aminosäurepaar M/N eine -2. Anschließend wird über die Matrix ein Fenster mit der Größe 3 geschoben. Immer wenn die Summe der Zahlen in den Feldern innerhalb des Fensters höher oder gleich der vorgegebenen Stringenz ist, wird das Fenster über diesen drei Feldern rot markiert.

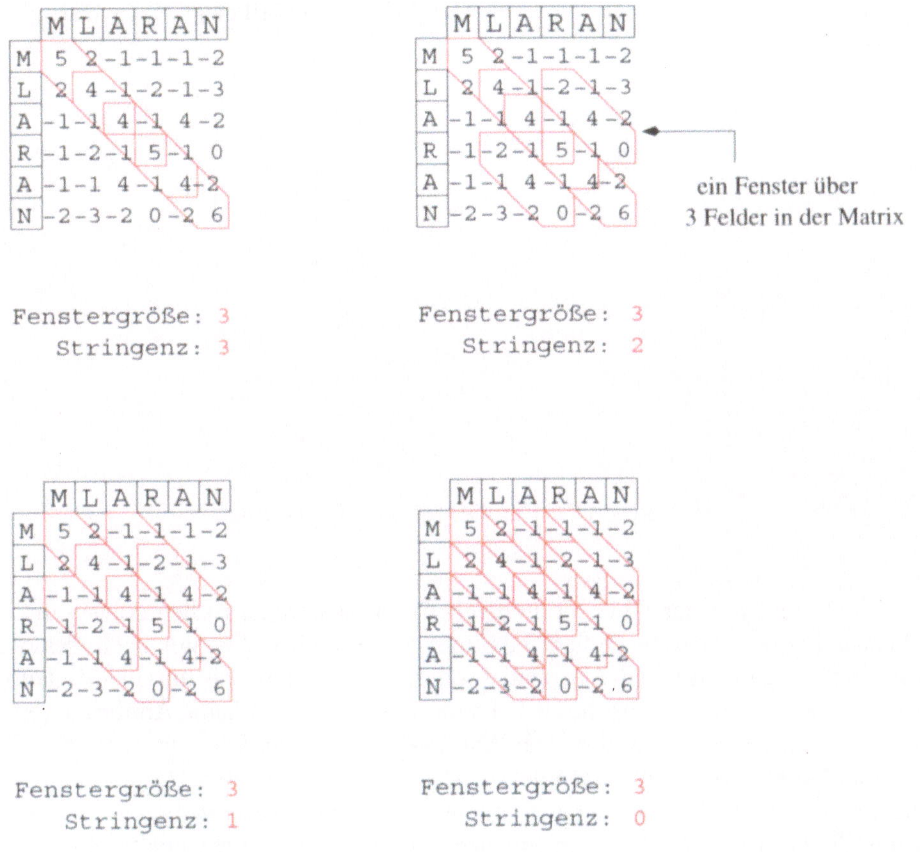

Abbildung 4.9: Dotplot mit dem Fenster/Stringenz-Filter

Das Ergebnis in der Abbildung 4.9 zeigt, dass mit abnehmender Stringenz der Dotplot immer unübersichtlicher wird. Wählt man eine hohe Stringenz, so sieht man im Ergebnis nur die Bereiche, die identisch sind. Erniedrigt man die Stringenz, werden auch Abschnitte hervorgehoben, in denen sich die Sequenzen ähnlich sind. Leider gibt es kein ideales Verhältnis der Fenstergröße zur Stringenz. Man sollte auf jeden Fall nicht nur mit den Voreinstellungen der jeweiligen Programme arbeiten, sondern die beiden Parameter entsprechend der Fragestellung auch variieren.

4.2.2 Wort-Methode als Dotplot-Filter

Anders als die Fenster-Methode sucht die Wort-Methode nach kurzen exakten Treffern in der Matrix. Sie geht auf die *k-tuple*-Suche von **Wilbur und Lipman** zurück (1983). Ein Tuple ist in der Mathematik ein Element in einer geordneten Menge. Gibt man k den Wert 5, so sucht der Algorithmus in der Matrix nach einem exakten Match der Länge 5. Nur Bereiche, die diese Bedin-

gung erfüllen, tauchen im Dotplot auf. Die Abbildung 4.10 zeigt einen Dotplot
mit verschiedenen Werten für k.

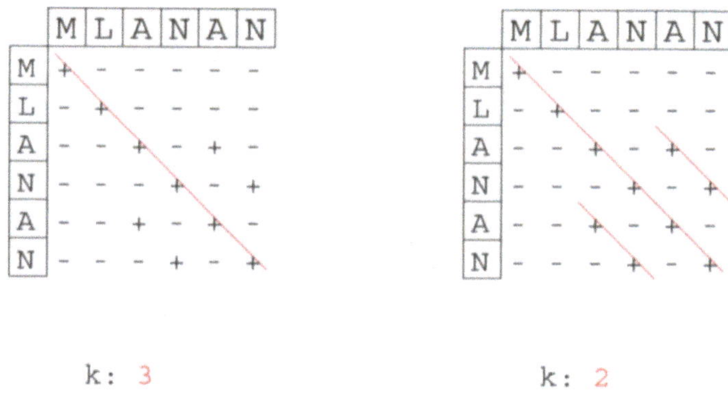

Abbildung 4.10: Dotplot mit dem Wort-Filter

Ein Dotplot mit der Wort-Methode als Filter ist weniger rechenintensiv und
schneller bei der Analyse großer Datenmengen. Es wird aber nur nach **exakten** Treffern gesucht. Sind nur wenige oder kürzere Bereiche mit identischen
Aminosäuren vorhanden als durch k definiert, so wird man keine Ähnlichkeiten
zwischen den Sequenzen finden. Die Wahl des Parameters k ist entscheidend.

Unabhängig von dem verwendeten Algorithmus kann eine Dotplotanalyse
nur Sequenzähnlichkeiten zeigen, wenn sie über einen größeren Bereich gehen.
Kurze Signaturen wie Promotorsequenzen können damit nicht analysiert werden. Der Dotplot gibt auf jeden Fall immer einen Hinweis, ob für genauere Sequenzanalysen ein globales oder lokales Alignment anzuwenden ist oder
welcher Bereich der Sequenzen genauer untersucht werden sollte. Die Abbildung 4.11 zeigt, wie ein richtiger Dotplot von zwei Proteinsequenzen aussieht,
Abbildung 4.12 ist ein Beispiel für einen multiplen Dotplot, bei dem gleichzeitig
mehrere Sequenzen miteinander verglichen werden.

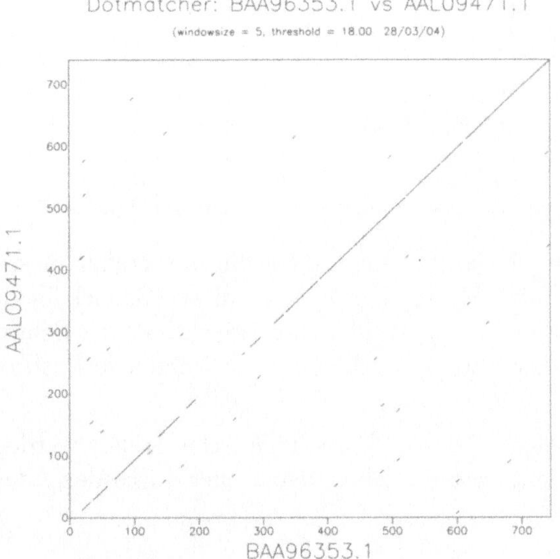

Abbildung 4.11: Beispiel-Dotplot von zwei Proteinen, berechnet mit DOTMATCHER aus dem EMBOSS-Paket (Rice et al., 2000).

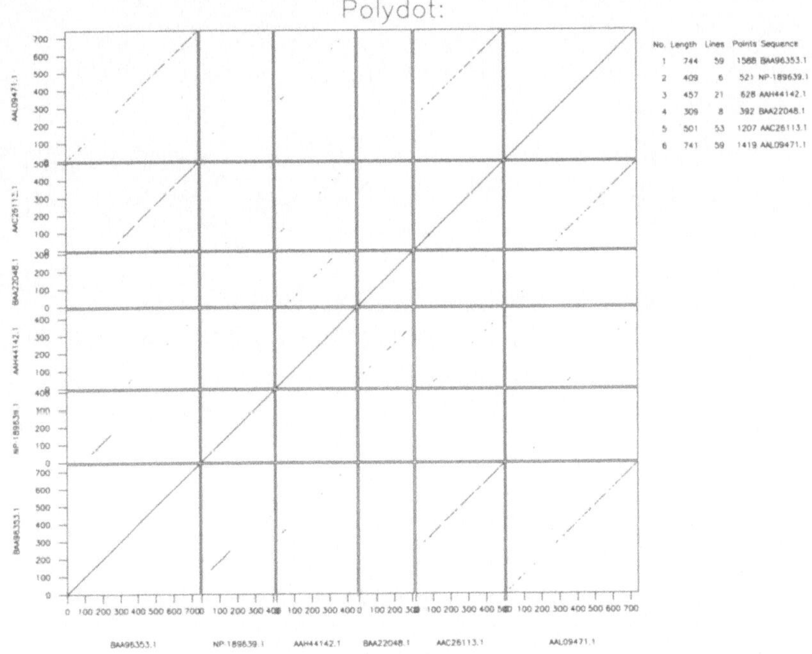

Abbildung 4.12: Beispiel-Dotplot von sechs Proteinen, berechnet mit POLYDOT aus dem EMBOSS-Paket (Rice et al., 2000). An das Programm können gleichzeitig mehrere Sequenzen übergeben werden. Es berechnet nach der Wort-Methode einen Dotplot aller Sequenzen gegeneinander.

Zusammenfassung

➤ Ein Dotplot ist eine zweidimensionale Matrix, in der auf der x-Achse die erste Sequenz steht und auf der y-Achse die zweite. Alle Felder mit identischen oder ähnlichen Positionen werden mit einem Punkt markiert.

➤ Man unterscheidet zwischen zwei Filtermethoden:

➤ Fenster-Methode: Nur wenn genügend Treffer in einem Fensterausschnitt der Matrix liegen, wird dieser Bereich in den Dotplot eingezeichnet. Über einen Treffer entscheidet der Schwellenwert (*threshold*), der nur identische oder auch ähnliche Positionen berücksichtigt.

➤ Wort-Methode: Nur kurze identische Treffer werden eingezeichnet. Festgelegt wird die Länge der Treffer durch den *k-tuple*.

➤ Ein Dotplot zeigt **alle** ähnlichen oder identischen Bereiche zwischen zwei Sequenzen an, abhängig von der Wahl und der Einstellung des Filters.

Beispielprogramme und Webadressen

- Im EMBOSS-Paket (Rice et al., 2000) gibt es folgende Programme für einen Dotplot:

  - DOTTUP vergleicht zwei Sequenzen nach der Wort-Methode (als Online-Tool:
    http://bioweb.pasteur.fr/seqanal/interfaces/dottup.html

  - DOTMATCHER vergleicht zwei Sequenzen nach der Fenster-Methode (siehe Abbildung 4.11), als Online-Tool:
    http://bioweb.pasteur.fr/seqanal/interfaces/dotmatcher.html

  - POLYDOT vergleicht mehrere Sequenzen auf einmal nach der Wort-Methode (siehe Abbildung 4.12, als Online-Tool:
    http://bioweb.pasteur.fr/seqanal/interfaces/polydot.html)

- Erik L. L. Sonnhammer und Richard Durbin (1995) haben ein Dotplot-Programm namens DOTTER für X-Windows entwickelt. Es ermöglicht den Vergleich von DNA gegen DNA, Protein gegen Protein und DNA gegen Protein, wobei für den letzteren Fall die DNA in alle drei Leserahmen translatiert wird, um den Vergleich mit dem Protein zu ermöglichen. Das besondere an diesem Programm ist, dass es interaktiv eine Änderung der Stringenz erlaubt, ohne dass die Matrix neu berechnet werden muß. Den Quellcode gibt es unter:
  http://www.cgr.ki.se/cgr/groups/sonnhammer/Dotter.html

- Thomas Junier und Marco Pagni (2000) bieten ein Dotplot-Programm im Webbrowser an: DOTLET. Das Programm ist in Java geschrieben und läuft unabhängig vom Betriebssystem. Entweder benutzt man es als Online-Tool oder holt sich den Quellcode unter:
  http://www.isrec.isb-sib.ch/java/dotlet/Dotlet.html.

- J. Gorodkin, H. H. Staerfeldt, O. Lund und S. Brunak (1999) haben ein Webinterface für MATRIXPLOT entwickelt. Die hohe Auflösung dieses Programms ermöglicht die Detektion von einzelnen Mutationen in den untersuchten Sequenzen. Im Internet steht MatrixPlot unter:
  http://www.cbs.dtu.dk/services/MatrixPlot/

4.3 Das globale Alignment

Der Dotplot von zwei Sequenzen gibt in einer Matrix Sequenzbereiche an, die Ähnlichkeiten aufweisen oder identisch sind. Die Abbildung 4.11 zeigt aber auch den Nachteil des Dotplots: Die jeweiligen Sequenzbereiche werden nicht bis auf die einzelnen Zeichen aufgelöst. Es ist nur ein grober Vergleich von Sequenzen. Die nun folgenden Algorithmen stellen die identischen bzw. ähnlichen Sequenzbereiche genauer dar.

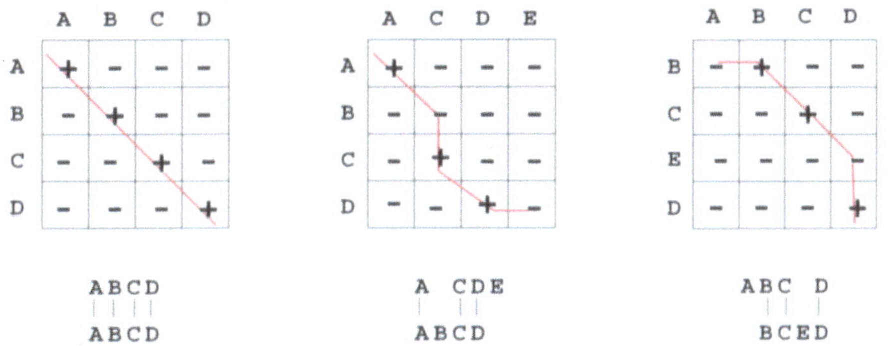

Abbildung 4.13: Der Weg durch die Matrix im globalen Alignment

Einer der ersten Algorithmen zur Berechnung eines paarweisen Alignments stammt von **Needleman und Wunsch** (1970). Sie gingen dabei folgendermaßen vor:

Als erstes erstellten sie wie für einen Dotplot eine zweidimensionale Matrix mit den zu vergleichenden Sequenzen. Jedes Alignment der Sequenzen lässt

sich als Pfad durch diese Matrix beschreiben, in der die Paare aus dem Alignment jeweils eine Zelle repräsentieren. In der Abbildung 4.13 ist dies für drei
verschiedene Sequenzen schematisch dargestellt.

Needleman & Wunsch beschreiben ein **globales Alignment**, d. h. sie versuchen, die Sequenzen über ihre **gesamte** Länge zu vergleichen. Von allen möglichen Wegen durch die Matrix wählt man dabei den Weg mit der höchsten End-
summe. Die Summe ergibt sich aus der Addition der Werte in jeder einzelnen
Zelle. Der Einzelwert der Zellen stammt auch hier wieder aus der verwendeten
Substitutionsmatrix, die im einfachsten Fall nur von der Identität abhängt. In
dem folgenden Beispiel (siehe Abbildung 4.14) gibt es für Identität den Wert 1,
ansonsten wird das Feld auf 0 gesetzt.

Das Kriterium für die Qualität eines Alignments ist die Summe (engl. **Score**)
der Werte für jedes Paar von verglichenen Sequenzen. In der Abbildung 4.14.1
bekommt das Alignment einen Score mit dem Wert 4, für das Alignment in der
Abbildung 4.14.2 beträgt der Score dagegen 3.

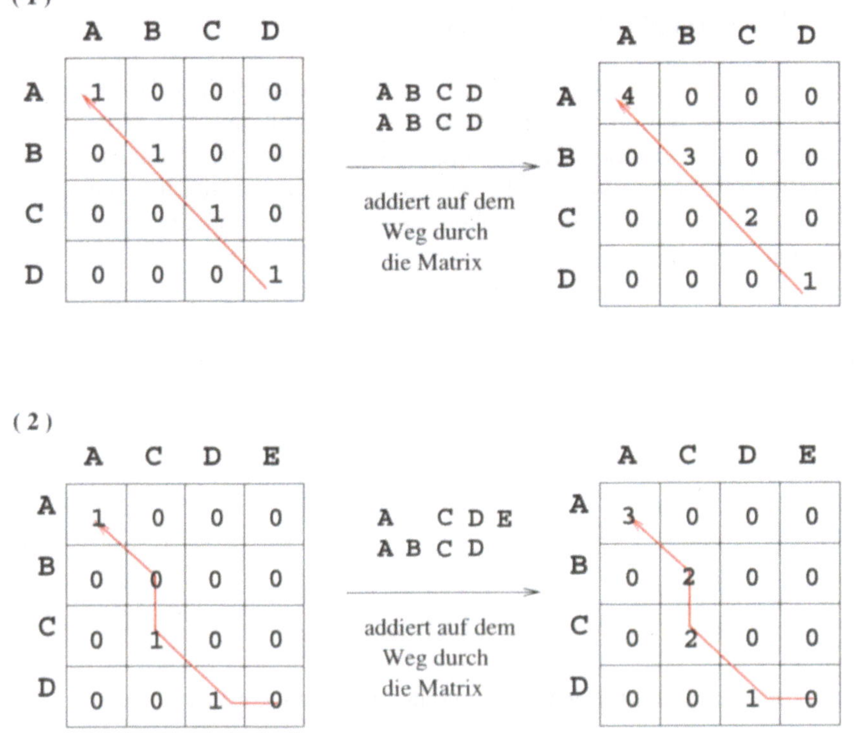

Abbildung 4.14: Ein globales Alignment mit einer Identitätsmatrix. Identische Buchstaben bekommen einen Wert von 1, alle anderen erhalten eine 0

Allerdings ist das nur die halbe Wahrheit. Tatsächlich wird auch mit eingerechnet, ob ein **Gap** beim Weg durch die Matrix entsteht.

Ein Gap entsteht immer dann, wenn man auf dem Weg durch die Matrix die Diagonale verlässt. Alle Abweichungen in x- und y-Richtung führen zu einer Verlängerung des Weges und zum Einführen von Gaps (siehe Abbildung 4.15). Das Einführen von Gaps kostet jedesmal **Strafpunkte**.

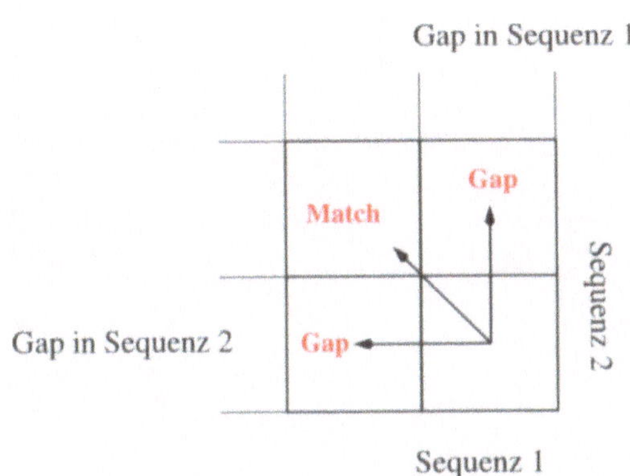

Abbildung 4.15: Gap und Match im globalen Alignment. Nur der diagonale Weg wird als ein Match betrachtet. Wenn man sich nach oben oder links bewegt, wird ein Gap in das Alignment eingefügt.

Die Berechnung des Scores für ein Alignment zeigt Abbildung 4.16. Im Needleman & Wunsch Algorithmus wird unterschieden zwischen der Einführung eines Gaps (engl. *Gap-open)* und der Erweiterung eines Gaps (engl. *Gapextension*). Die Differenzierung erlaubt es, die beiden Gaps unterschiedlich zu bewerten. Der Grund dafür ist, dass ein Gap selten in einer Sequenz entsteht. Wenn es aber zu einem Gap kommt, erstreckt er sich meistens über einen längeren Bereich in der Sequenz.

Unter Berücksichtigung aller genannten Parameter läßt sich nun der **Score** eines Alignments wie folgt berechnen (GCG, 2000):

Score = Σ Match
- (Gap-open Strafpunkt x Anzahl der Gaps)
- (Gap-extension Strafpunkt x Gesamtlänge der Gaps)

Die Summe der Matche und die Höhe der Strafpunkte für die Gaps sind direkt von der verwendeten Substitutionsmatrix abhängig. Empirisch ermittelt gibt es zu jeder Matrix Strafpunkte einer bestimmten Größe, die automatisch von dem jeweiligen Programm bei der Berechnung verwendet werden. Die Unterscheidung zwischen Gap-open und Gap-extension bei der Berechnung der Strafpunkte wird als *affine gap costs* bezeichnet.

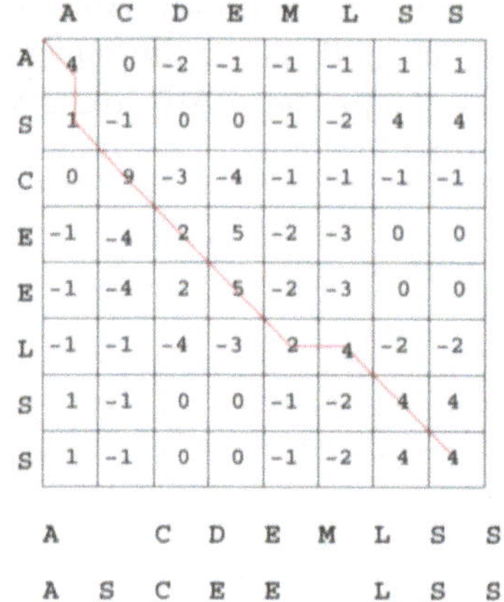
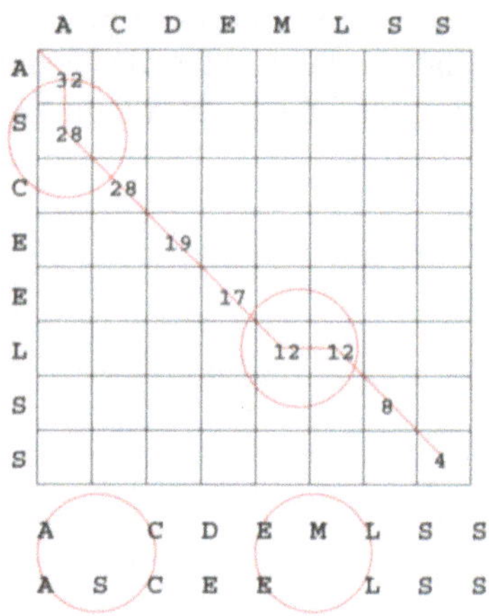

Abbildung 4.16: Berechnung eines globalen Alignments. Der Strafpunkt für einen Gap beträgt -1, verwendet wurde die BLOSUM62-Matrix (siehe Abbildung 4.7)

Zusammenfassung

➤ Das globale Alignment des Needleman & Wunsch Algorithmus versucht, die Anzahl der Matche zu maximieren und die Anzahl der Gaps zu minimieren. So wird der minimale Abstand zwischen zwei Sequenzen bestimmt. Einige Programme erlauben dabei, dass die Enden der Sequenzen anders gewichtet werden.

➤ Ein Sequenzvergleich von jeder Position mit jeder auf die hier beschriebene Art mit einem Weg durch die Matrix nennt man **dynamisches Programmieren**.

➤ Ein globales Alignment ist nur dann sinnvoll, wenn man eng verwandte Sequenzen miteinander vergleichen will. Sieht man im Dotplot keine Diagonale sondern nur kurze Bereiche mit ähnlichen Positionen, die nach oben oder unten verschoben sind, so wird man diese Bereiche mit einem globalen Alignment nicht wiederfinden.

➤ Jedes globale Alignment ist abhängig von der Substitutionsmatrix und der Höhe der Strafpunkte für die Einführung und die Verlängerung eines Gaps.

Beispielprogramme und Webadressen

- Im EMBOSS-Paket (Rice et al., 2000) berechnet das Programm NEEDLE ein globales Alignment von zwei Protein- oder Nukleotid-sequenzen. Als Online-Tool findet man es unter:
  http://bioweb.pasteur.fr/seqanal/interfaces/needle.html
  und auch am EBI unter
  http://www.ebi.ac.uk/emboss/align/index.html

- Das Programm ALION von Creig Nevill-Manning (1997) bietet als Online-Tool jedem die Möglichkeit, ein globales Alignment zu berechnen. Es stehen eine Vielzahl von verschiedenen Substitutionsmatrizen zur Verfügung. Die Werte für die Einführung und die Verlängerung eines Gaps können vom Anwender selbst variiert werden. Wenn man dieses Programm nur benutzen will, um ein globales Alignment zu verstehen, stehen sogar Beispielsequenzen zur Verfügung. Zu finden unter:
  http://motif.Stanford.EDU/alion/

4.4 Das lokale Alignment

Der Needleman & Wunsch Algorithmus (siehe Kapitel 4.3) ist nur für eng verwandte Sequenzen zu gebrauchen. Nur dort findet dieser Algorithmus ein optimales Alignment über die Gesamtlänge beider Sequenzen. Vergleicht man jedoch z.B. Sequenzen, in denen bestimmte Domänen eines Proteins in anderer Anzahl und/oder Reihenfolge vorliegen, so wird ein globales Alignment diese nicht finden. Das gleiche gilt für einen Sequenzvergleich zwischen zwei sehr divergenten Sequenzen, in denen nur ein bestimmter funktioneller Teil stark konserviert ist. Derartige Sequenzvergleiche müssen mit einem anderen Algorithmus berechnet werden. Es werden lokale Alignments benötigt, die mit dem **Smith & Waterman Algorithmus** (1981a; 1981b) erstellt werden.

Dieser Algorithmus verfolgt eine andere Strategie als es Needleman & Wunsch tun. Ziel ist es, den längsten gemeinsamen Bereich von zwei Sequenzen mit der größten Ähnlichkeit zu finden. Die Abbildung 4.17 verdeutlicht den Unterschied zwischen lokalem und globalem Alignment.

Das **Sub-Alignment** der Sequenzen 1 und 2 mit dem höchsten Score wird das **optimale lokale Alignment** genannt. Programme, die mit diesem Algorithmus arbeiten, geben auch nur **ein** Sub-Alignment als Ergebnis aus. Hat man vorher im Dotplot zwei oder mehrere Bereiche gesehen, die mit dem Smith & Waterman Algorithmus dargestellt werden sollen, so muß man die Sequenzen

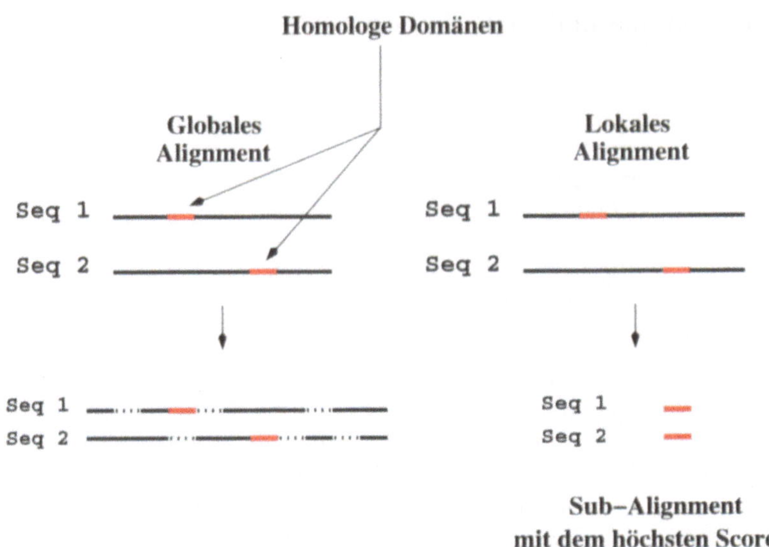

Abbildung 4.17: Im globalen Alignment werden die beiden homologen Domänen übersehen, wenn sie nicht an der gleichen Position in beiden Sequenzen auftauchen

abschnittsweise miteinander vergleichen.

Das lokale Alignment wird in ähnlicher Art und Weise wie ein globales Alignment berechnet: mit Hilfe einer Substitutionsmatrix und Strafpunkten für die Einführung und die Verlängerung von Gaps. Im Gegensatz zum globalen Alignment geht der Weg durch die Matrix der beiden Sequenzen nicht möglichst in einer Diagonalen von unten rechts nach oben links, sondern beginnt und endet „irgendwo" dann, wenn sich der Score nicht mehr erhöhen lässt. An diesem Punkt wird eine Null gesetzt und das lokale Alignment beendet. Aus den so gefundenen Sub-Alignments wird das Alignment mit dem besten Score als das optimale lokale Alignment angegeben.

4.4.1 Lokales Alignment von Protein- mit Nukleotidsequenzen

Eine besondere Form des lokalen Alignments nach Smith & Watermann ist das Alignment einer Protein- mit einer Nukleotidsequenz. Bei dieser Art Alignment kommt noch ein weiterer Parameter bei der Berechnung des Scores hinzu (GCG, 2000), ein Strafpunkt für eine Leserasterverschiebung.

Score = Σ Match   -   (Gap-open Strafpunkt x Anzahl der Gaps)
                           -   (**Leserasterverschiebung Strafpunkt** x Anzahl der Gaps, die eine Verschiebung verursacht haben)
                           -   (Gap-extension Strafpunkt x Gesamtlänge der Gaps)

Durch die Einführung der Gaps werden Leserasterverschiebungen vermieden (engl. *frameshifts*). Die Abbildung 4.18 zeigt ein Beispiel.

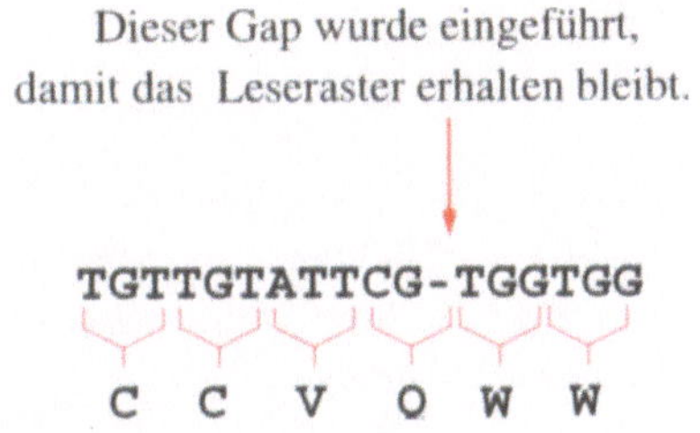

Abbildung 4.18: Gaps im lokalen Alignment von Nukleotid- mit Proteinsequenzen, um eine Leserasterverschiebung zu vermeiden

Zusammenfassung

➤ Das lokale Alignment mit dem Smith & Waterman Algorithmus versucht, die Anzahl der Matche durch die Einführung von Gaps zu maximieren. Das Ergebnis ist ein optimales lokales Alignment, welches den kleinsten Abstand zwischen den längsten Teilsequenzen ergibt.

➤ Jedes lokale Alignment ist abhängig von der Substitutionsmatrix und der Höhe der Strafpunkte für die Einführung und die Verlängerung eines Gaps.

➤ Dic Progamme zur Berechnung von lokalen Alignments liefern **immer** ein Ergebnis. Der Anwender muss selbst entscheiden, ob dieses auch einen Sinn ergibt.

Beispielprogramme und Webadressen

- Im EMBOSS-Paket (Rice et al., 2000) gibt es für ein lokales Alignment nach Smith & Waterman das Programm WATER, als Online Tool unter:
  http://bioweb.pasteur.fr/seqanal/interfaces/water.html
  und auch am EBI unter:
  http://www.ebi.ac.uk/emboss/align/index.html

- Im GCG Wisconsin Paket (Womble, 2000) kann man mit FRAMESEARCH Protein- mit Nukleotidsequenzen und umgekehrt vergleichen.

- Das Programm ALION von Creig Nevill-Manning (1997) bietet als Online-Tool jedem die Möglichkeit, ein lokales Alignment zu berechnen. Es gilt das gleiche wie für die globalen Alignments.
  http://motif.Stanford.EDU/alion/

- Am DNA Information and Stock Center in Japan gibt es ein Online-Tool für einen Smith & Waterman Vergleich von Nukleotid- mit Proteinsequenzen: FRAMESEARCH unter:
  http://www.dna.affrc.go.jp/htbin/swx.pl
  und für einen Vergleich von Protein- mit Nukleotidsequenzen
  REVERSE FRAMESEARCH
  http://www.dna.affrc.go.jp/htbin/tswn.pl

5

Heuristische Methoden zum Sequenzvergleich

Heuristische Verfahren sind eine Annäherung an die genaue Berechnung von Sequenzalignments mit dem Smith & Waterman oder dem Needleman & Wunsch Algorithmus. Sie ermöglichen es, auch innerhalb kurzer Zeit ganze Datenbanken nach ähnlichen Sequenzen zu durchsuchen. Zu den am häufigsten verwendeten Verfahren gehören FASTA und BLAST.

Die Methoden des globalen und lokalen Alignments sind sehr genaue Algorithmen, um zwei Sequenzen zu vergleichen. Allerdings sind sie dadurch auch sehr rechenintensiv. Wollte man mit diesen Methoden ganze Datenbanken durchsuchen, so müsste man viel Zeit mitbringen. Daher sind heuristische Algorithmen nötig, die wesentlich schneller sind. Allerdings geht die Erhöhung der Schnelligkeit auf Kosten der Sensitivität. Die beiden häufigsten Programme, die heutzutage für den schnellen Vergleich einer Sequenz mit einer ganzen Datenbank eingesetzt werden, sind FASTA und BLAST. Sie arbeiten beide nach einem ähnlichen Prinzip: Zunächst werden in einer schnellen Indexsuche Abschnitte in der Sequenz bestimmt, die Ähnlichkeiten aufweisen. Diese Bereiche werden dann mit Hilfe einer Substitutionsmatrix sensitiv untersucht und die lokalen Alignments berechnet.

5.1 FASTA

Einer der ersten heuristischen Algorithmen wurde von **Pearson & Lipman** (1985) in Form des Programmes FASTP für Proteine entwickelt und 1988 in

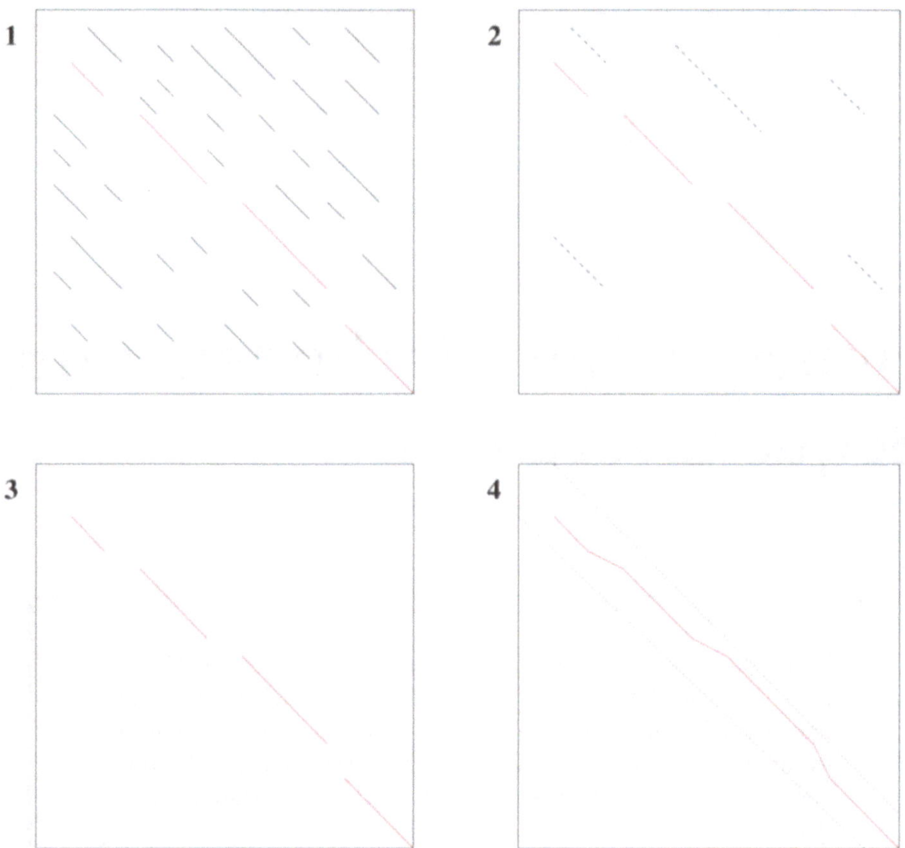

Abbildung 5.1: FASTA-Suchalgorithmus in vier Schritten, nach Pearson and Lipman (1988). Die einzelnen Schritte werden im Abschnitt 5.1.1 genauer erklärt.

FASTA auf Nukleotidsequenzen erweitert (Pearson and Lipman, 1988). FASTA sucht nach Sequenzähnlichkeiten zwischen einer Sequenz und einer Gruppe anderer Sequenzen vom gleichen Sequenztyp (Protein oder DNA).

Der Algorithmus beschleunigt die Datenbanksuche durch eine kurze Indexsuche mit der Suchsequenz, um dann mit den besten Scores eine genaue Suche zu starten.

5.1.1 Suchalgorithmus

Die Suche nach Sequenzhomologien läuft in vier Schritten ab. In Abbildung 5.1 (abgeändert nach Pearson and Lipman (1988)) ist der Algorithmus graphisch dargestellt.

1. **Auffinden von identischen Positionen**
   Im ersten Schritt startet FASTA mit einer Indexsuche. Dazu wird von
   der Suchsequenz ein Index (*lookup table*) erzeugt. Dies ist eine Erweiterung der **k-tuple**-Suche von Wilbur und Lipman (1983) (siehe auch Abschnitt 4.2.2). Der Wert von *k-tuple* bestimmt die Länge der Einträge im
   Index. In der Abbildung 5.2 ist in der linken Hälfte die Anlegung des
   Index detailliert dargestellt. Mit dem Index werden anschließend die Vergleichssequenzen nach **identischen** Positionen durchsucht und für jede
   identische Position der Abstand berechnet. Darunter versteht man die
   Differenz zwischen der Position der Aminosäure in der Suchsequenz und
   der Position der Aminosäure in der jeweiligen Vergleichssequenz.

Indexsuche

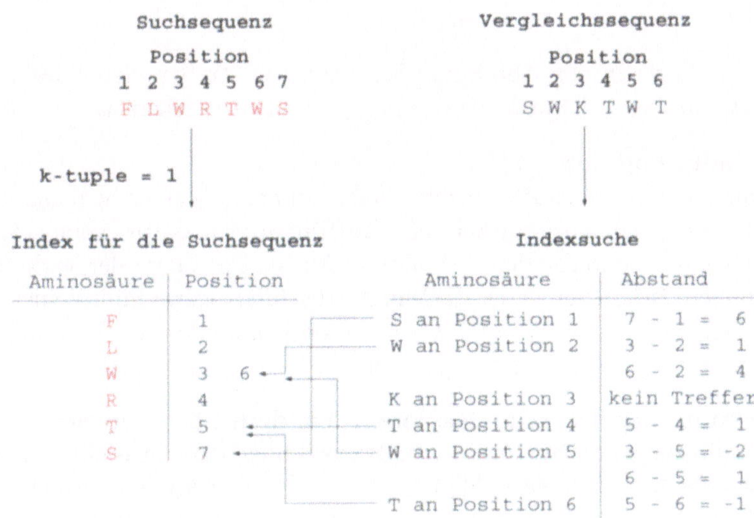

Abbildung 5.2: Die Indexsuche in FASTA nach Lipman & Pearson.

Das Ergebnis der Indexsuche ist nichts anderes als ein Dotplot (siehe Abbildung 5.1.1) mit allen identischen Positionen. Vorgegeben für **k** ist bei
FASTA-Programmen 6 für Nukleotidsequenzen (Hexanukleotide) und 2 für
Proteinsequenzen (Dipeptide).

2. **Berechnung des Scores für die identischen Positionen**
   Im zweiten Schritt (Abbildung 5.1.2) wird für die im ersten Schritt gefundenen besten Treffer ein Score mit Hilfe einer Substitutionsmatrix errechnet. Dabei wird versucht, die identischen Positionen **ohne das Einführen
   von Gaps** auszudehnen, nur unter Berücksichtigung von konservativen
   Substitutionen. Der hierfür berechnete Score heißt **Init1-Score** (siehe Abbildung 5.3). Entweder werden hier nur die zehn besten Treffer berücksichtigt oder aber alle Treffer, deren Score über einem bestimmten Schwel-

Ungapped Alignment

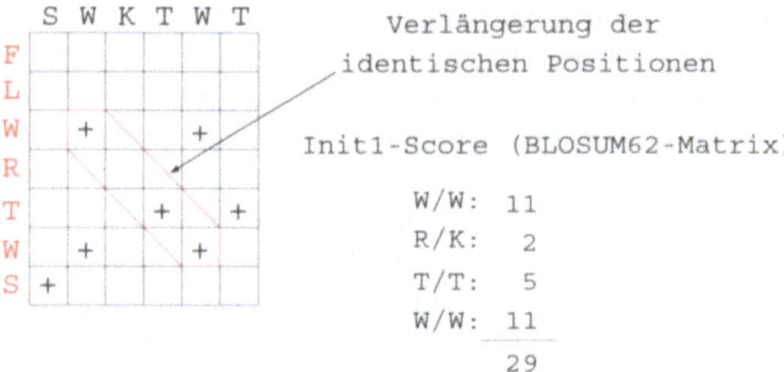

Abbildung 5.3: Berechnung des **Init1**-Scores durch Verlängerung des Alignments ohne Einführung von Gaps.

lenwert liegt. In der Abbildung 5.1.2 sind die Treffer, deren Init1-Score unterhalb dieses Schwellenwertes lag, gestrichelt gezeichnet.

3. **Verknüpfung der Treffer**

   Kommen mehrere Regionen mit Treffern innerhalb einer Sequenz vor, so wird im dritten Schritt durch das **Einführen von Gaps** versucht, diese miteinander zu verbinden (Abbildung 5.1.3). Der Score der verknüpften Regionen, **Initn-Score**, ist die Summe der Init1-Scores minus eines Strafpunktes für jeden eingefügten Gap. Dieser Strafpunkt wird Verknüpfungsstrafpunkt (*joining penalty*) genannt.

4. **Verknüpfung der Init1-Regionen mit dem höchsten Score**

   Für alle Regionen mit einem Init1-Score über dem Schwellenwert wird nochmals ein paarweises Alignment mit der Suchsequenz errechnet, allerdings mit einer sensitiveren Methode, einer Abwandlung des Smith & Waterman Algorithmus (siehe Abschnitt 4.4). Für dieses letzte Alignment werden nur die Regionen berücksichtigt, die in unmittelbarer Nachbarschaft liegen. Entscheidend ist die Höhe des Parameters **Breite** (engl. *width*), der in Abbildung 5.1.4 durch die gepunktete Linie angedeutet ist. Alle Regionen, die innerhalb des diagonalen Bandes liegen, können verknüpft werden (Chao et al., 1992). Die Summe ihrer Scores unter Berücksichtigung von Gaps bildet den Score des Alignments, **Opt-Score** genannt. In der Programmausgabe werden alle errechneten Alignments nach der Höhe der Opt-Scores sortiert.

Die Berechnung des Opt-Scores hängt von der Länge der Sequenz ab. Damit man den Score der Alignments von mehreren Vergleichssequenzen unabhängig von deren Länge vergleichen kann, wird durch die Normalisierung des Opt-Scores der **Z-Score** berechnet. Allerdings sagt dieser Z-Score noch nichts über die statistische Signifikanz des Alignments aus. Daher wird mit dem Z-Score die Wahrscheinlichkeit berechnet, mit der dieses Alignment auch durch Zufall entstanden sein kann. Die Wahrscheinlichkeit wird als **E-Wert** angegeben. Je kleiner dieser Wert ist, um so glaubwürdiger ist das errechnete Alignment. Wird E größer, so nimmt auch die Wahrscheinlichkeit dafür zu, dass das Alignment durch Zufall entstanden ist. Am Anfang der Datenbanksuche wird vom Anwender ein maximaler E-Wert bestimmt, bis zu dessen Höhe Alignments angegeben werden.

5.1.2 Besondere Formen von FASTA

Mit Hilfe von FASTA können nicht nur gleichartige Sequenzen miteinander verglichen und alignt werden. Es gibt eine ganz Reihe von speziellen Programmen innerhalb des FASTA3-Paketes (Pearson, 2000):

FASTA: Suchsequenz Protein und Vergleichssequenz Protein-Datenbank oder Suchsequenz DNA und Vergleichssequenz DNA-Datenbank.

FASTX: Suchsequenz DNA und Vergleichssequenz Protein-Datenbank. Die DNA wird in alle drei Leseraster translatiert, Leserasterverschiebungen werden berücksichtigt.

TFASTX: Suchsequenz Protein und Vergleichssequenz DNA-Datenbank.

FASTF: Suchsequenz Proteinsequenzen, die bei der Protein-Sequenzierung durch den Edman-Abbau entstehen, und Vergleichssequenz Protein-Datenbank. Es wird nach Proteinen gesucht, die alle Bruchstücke enthalten.

FASTS: Suchsequenz Proteinsequenzen, die bei der Protein-Sequenzierung durch MALDI-Analysen[1] entstehen, und Vergleichssequenz Protein-Datenbank. Auch hier wird nach Proteinen gesucht, die alle Bruchstücke enthalten. FASTS ist ein wichtiges Tool für die Identifizierung von Proteinen in Proteomanalysen.

TFASTF: Suchsequenz Proteinsequenzen aus dem Edman-Abbau, Vergleichssequenz DNA-Datenbank.

SSEARCH: Suchsequenz Protein und Vergleichssequenz Protein-Datenbank oder Suchsequenz DNA und Vergleichssequenz DNA-Datenbank. Zur Datenbanksuche wird der Smith & Waterman Algorithmus verwendet. Die Suche ist dadurch 10 - 50fach langsamer als die Suche mit FASTA, allerdings wesentlich sensitiver.

Zusammenfassung

➤ FASTA ist ein heuristischer Suchalgorithmus zum schnellen Vergleich einer Suchsequenz mit einer Datenbank. Der Algorithmus erstellt einen Index von der Suchsequenz und vergleicht die Indexeinträge mit den Sequenzen in der Datenbank. Identische Einträge werden im weiteren Verlauf der

---

[1]Massenspektrometrie zur Sequenzierung von Proteinen

Suche verknüpft und die besten Alignments mit dem Smith & Waterman Algorithmus neu berechnet.

➤ Die Länge der Indexeinträge wird durch den Parameter k bestimmt. Der vorgegebene *k-tuple* von 2 bei Proteinen und 6 bei Nukleotiden ist ein guter Kompromiss, um eine Datenbank genau, aber auch schnell zu durchsuchen. Will man jedoch auch ganz schwache Ähnlichkeiten detektieren, so muss dieser Wert verringert werden, was natürlich zu einer Verlängerung der Rechenzeit führt.

Beispielprogramme und Webadressen

- Die primären Datenbanken EMBL (siehe Kapitel 2.2) und DDBJ (siehe Kapitel 2.3) bieten beide die Möglichkeit, ihre Datenbanken mit FASTA zu durchsuchen:
  EMBL: http://www.ebi.ac.uk/fasta/index.html
  DDBJ: http://www.ddbj.nig.ac.jp/E-mail/homology.html

- William Pearson (http://www.people.Virginia.EDU/~wrp/pearson.html), einer der Erfinder von FASTA, ist Professor für Biochemie an der University of Virginia. Hier findet man natürlich auch FASTA als Online-Tool:
  http://alpha10.bioch.virginia.edu/fasta/
  und das FASTA3-Paket steht zum Download bereit:
  ftp://ftp.virginia.edu/pub/fasta

5.2 BLAST

Der zweite heuristische Suchalgorithmus für einen schnellen Datenbankvergleich ist BLAST. Das **B**asic **L**ocal **A**lignment **S**earch **T**ool wurde 1990 von **Altschul** und Kollegen am NCBI entwickelt. Ziel war es, auf der Basis des FASTA-Suchalgorithmus die Datenbankabfrage zu beschleunigen. Die folgenden Erklärungen zu BLAST beziehen sich alle auf die BLAST-Version des NCBI, der wohl bekanntesten Version. Allerdings lassen sich die meisten Erklärungen auch auf das WU-BLAST von der Universität von Washington übertragen (W. Gish, unveröffentlich), welches auf der Basis des NCBI-BLAST-Algorithmus entwickelt worden ist.

5.2.1 Suchalgorithmus

Der Suchalgorithmus besteht aus drei einzelnen Schritten (Altschul et al., 1997),
die in der Abbildung 5.4 schematisch dargestellt sind.

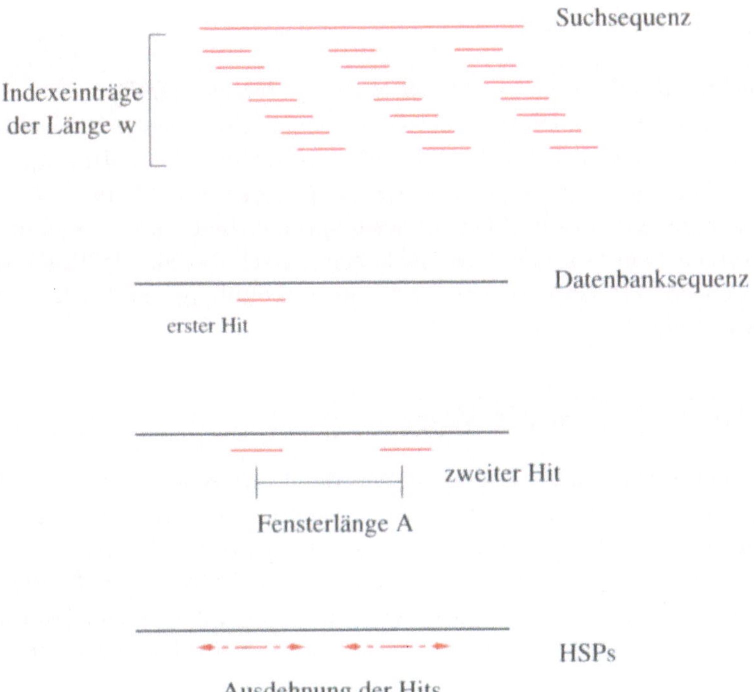

Abbildung 5.4: BLAST-Suchalgorithmus über die Two-Hit Methode. Die einzelnen
Schritte werden im Text näher erklärt.

1. **Auffinden von Hits (ähnliche Positionen)**
   Zu Beginn wird aus der Suchsequenz ein Index erstellt. Die Länge der
   Indexeinträge ist durch die Wortlänge **w** gegeben (wie k-tuple bei FASTA).
   Mit diesem Index werden die Sequenzen aus der Datenbank durchsucht.   **Indexsuche**
   Die Voreinstellungen für w (**word size**) liegen für Nukleotide bei 11 und
   für Proteine bei 3. Während FASTA nur identische Positionen als einen Hit
   ansieht, definiert BLAST einen Hit als einen Treffer der Länge w mit einem
   Score, der über dem Schwellenwert **T** liegt. Darunter fallen auch **ähnliche
   Positionen** in Abhängigkeit von der verwendeten Substitutionsmatrix,
   wobei das nur auf Proteine zutrifft. Bei der Suche nach Nukleotiden wird
   nur nach identischen Positionen gesucht.

2. **Suche nach einem zweiten Hit (two-hit)**
   Findet BLAST einen Hit, so muss sich in direkter Nachbarschaft auf der gleichen Diagonalen (d.h. auf der gleichen Diagonalen in einem Dotplot) ein zweiter Hit befinden. Der maximale Abstand der beiden Hits wird durch die Fensterlänge **A** bestimmt. Nur wenn ein zweiter Hit innerhalb dieser Fensterlänge vorhanden ist, werden beide Hits im weiteren Verlauf der Suche berücksichtigt.

3. **Ausdehnung der Hits – *High Scoring Pairs (HSP)***
   Gibt es einen zweiten Hit, so werden beide Hits solange **bidirektional** ausgedehnt, bis sich der Score nicht mehr erhöhen lässt. Hits mit einem Score über dem Schwellenwert **S** (*cutoff score*) werden als *high scoring pairs*, kurz HSPs, bezeichnet. In der ursprünglichen BLAST-Version waren bei diesem Schritt keine Gaps zugelassen (Altschul et al., 1990). Die neuere Version erlaubt Gaps und so auch die Verknüpfung der HSPs (Altschul et al., 1997).

5.2.2 Bit Score und E-Wert

Der Score der HSPs wird aus der Summe der Einzelscores berechnet. Er ist abhängig von der verwendeten Substitutionsmatrix und der Höhe der Strafpunkte für die Entstehung und die Verlängerung der Gaps. Zur Normalisierung des Scores wird er mit Hilfe der Karlin-Atschul-Parameter λ und K, die spezifisch für die jeweilige Matrix sind, in den **Bit Score** umgerechnet (Karlin and Altschul, 1990). In der nachfolgenden Formel steht S für den *raw score* und S' für den Bit Score.

$$S' = \frac{\lambda S - lnK}{ln2} \tag{5.1}$$

Die Angabe des *raw scores* S für ein Alignment ist vergleichbar mit der Angabe eines Abstandes ohne eine Einheit (z.B. km) [2]. Erst der Bit Score macht die Alignments aus verschiedenen Berechnungen untereinander vergleichbar. Die Qualität des Alignments ist um so besser, je höher der Bit Score ist.

Die Höhe des Bit Scores sagt jedoch noch nichts über die statistische Signifikanz des Alignments aus. Schließlich könnte es sich auch um einen zufälligen Treffer handeln. So wie bei FASTA wird daher mit der Sequenzlänge von der Suchsequenz m und der Summe der Sequenzlänge aller Vergleichssequenzen n ein Erwartungswert E berechnet (Altschul et al., 1997).

$$E = mn2^{-S'} \tag{5.2}$$

---

[2] The Statistics of Sequence Similarity Scores,
http://www.ncbi.nlm.nih.gov/BLAST/tutorial/Altschul-1.html

Der E-Wert sollte so klein wie möglich sein, denn um so geringer ist die Wahrscheinlichkeit, dass dieses Alignment mit diesem Bit Score auch durch Zufall entstanden sein kann.

5.2.3 Was steht in einem BLAST-Ergebnis?

Hat man eine Datenbanksuche mit einer unbekannten Sequenz mit Hilfe von BLAST durchgeführt, so erhält man in der Ausgabe zunächst eine Tabelle mit einer kurzen Beschreibung von allen Hits, sortiert nach aufsteigendem E-Wert. Anschließend wird jedes einzelne Alignment der Suchsequenz mit der Vergleichssequenz dargestellt sowie Details zur prozentualen Identität und Ähnlichkeit (siehe Abbildung 5.5).

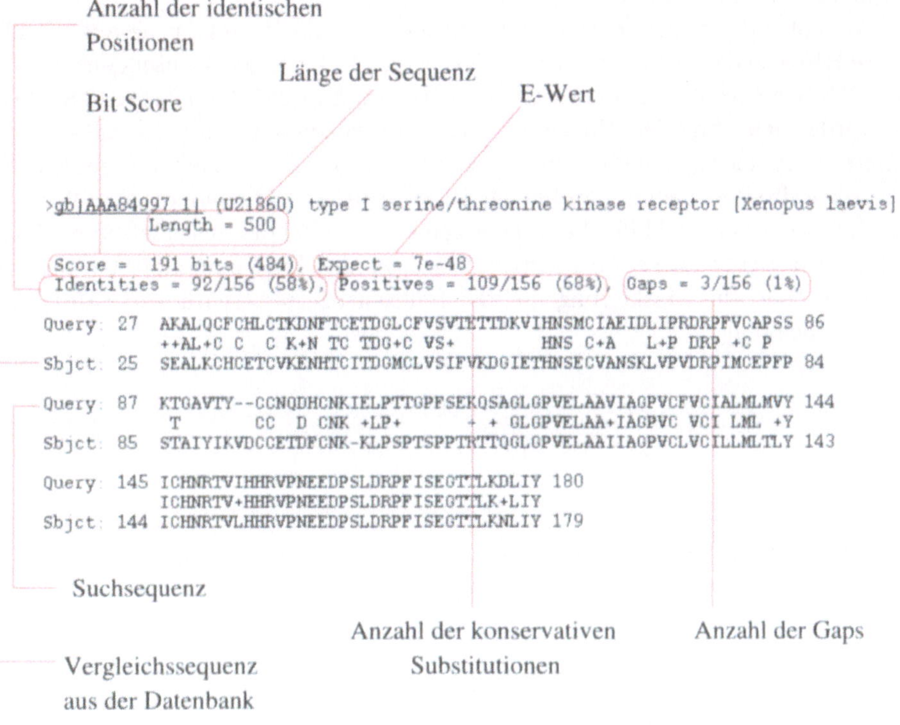

Abbildung 5.5: Darstellung eines Blast-Outputs

5.2.4 Welche Substitutionsmatrix verwendet man?

Das Ergebnis der heuristischen Suchalgorithmen FASTA und BLAST ist stark von der verwendeten Matrix abhängig. Als Standard wird fast immer BLOSUM62 verwendet, aber man sollte bei einer Datenbanksuche immer die eigene Fragestellung berücksichtigen. Legt man mehr Wert auf eine hohe Identität über kurze

Bereiche, weil stark konservierte Proteindomänen gesucht werden, empfiehlt es sich z. B. BLOSUM80 zu verwenden oder PAM40. Höhere PAM-Matrizen bzw. niedrigere BLOSUM-Matrizen hingegen finden Sequenzen mit einer geringeren Identität über einen längeren Bereich.

5.2.5 Was bedeutet *Filtering* beim BLAST?

Wenn man eine Datenbanksuche mit BLAST durchführt, wird die Suchsequenz in der Regel maskiert. Das bedeutet, dass Sequenzabschnitte mit einer niedrigen Komplexität (engl. *low complexity*) vor der Datenbanksuche mit einem N bei Nukleotiden und einem X bei Proteinen maskiert werden. Die Abbildung 5.6 zeigt ein Beispiel. Für das Maskieren der Sequenzen wird SEG für Nukleotide verwendet (Wootton and Federhen, 1996) und DUST für Proteine (Tatusov and Lipman, unveröffentlicht).

Als Folge dieser Maskierung konzentriert sich die BLAST-Suche auf signifikante Bereiche der Suchsequenz. Handelt es sich z.B. bei der Suchsequenz um eine DNA-Sequenz mit einem repetitiven Element (z.B. CACACACACACACACACACA), so würde man ohne das Maskieren viele Hits bekommen, die ebenfalls dieses repetitive Element enthalten, aber ansonsten keine Ähnlichkeit mit der Suchsequenz aufweisen. Wenn man bei der BLAST-Suche nichts anderes angibt, wird die Suchsequenz sowohl für die Indexsuche als auch bei der anschließenden Ausdehnung der Hits (siehe Abschnitt 5.2.1) maskiert. Eine besondere Option erlaubt es aber, die Maskierung auf die Indexsuche zu beschränken (*Mask for lookup table only*).

```
query:    ASTMPEXXXXXXXXXXXXDCLH
          A+ MP             D LH
subject:  ANSMPAAGAVGAAAAVADQLH
```

maskierter Bereich

Abbildung 5.6: Ausschnitt aus einem BLAST-Treffer mit einem maskierten Bereich in einer Proteinsequenz.

5.2.6 Besondere Formen von BLAST

Auch BLAST bietet alle Möglichkeiten, um Proteine und Nukleotide mit Protein- und Nukleotiddatenbanken zu vergleichen.

BLASTN: Suchsequenz DNA und Vergleichssequenz DNA-Datenbank.

BLASTP: Suchsequenz Protein und Vergleichssequenz Protein-Datenbank.

BLASTX: Suchsequenz alle Leseraster einer DNA-Sequenz und Vergleichssequenz Protein-Datenbank.

TBLASTN: Suchsequenz Protein und Vergleichssequenz alle Leseraster einer DNA-Datenbank.

TBLASTX: Suchsequenz alle Leseraster einer DNA-Sequenz und Vergleichssequenz alle Leseraster einer DNA-Datenbank.

MEGA BLAST: Suchsequenz DNA und Vergleichssequenz DNA-Datenbank. Am NCBI wird für Nukleotide eine abgewandelte Form des BLAST-Algorithmus angeboten - der MEGA BLAST (Zhang et al., 2000). Dieser Algorithmus wurde für die Suche nach sehr ähnlichen Sequenzen optimiert, die sich nur minimal unterscheiden (z.B. aufgrund von Sequenzierfehlern). MEGA BLAST verwendet eine größere word size (Standardeinstellung: 28 statt 11 bei BLASTN) und keine *affine gap costs* (siehe Abschnitt 4.3). Für die Einführung eines Gaps gibt es einen Strafpunkt mit dem Wert 0, für die Erweiterung eines Gaps wird der Strafpunkt G aus dem Wert für einen Match, r, und einen Mismatch, q, berechnet:

$$G = r/2 - q \qquad (5.3)$$

Durch den Verzicht auf *affine gap costs* ist MEGA BLAST wesentlich schneller (Quelle: NCBI[3]).

DISKONTINUIERLICHER MEGA BLAST: Suchsequenz DNA und Vergleichssequenz DNA-Datenbank.
Eine besondere Form des MEGA BLAST ist der diskontinuierliche MEGA BLAST. Im Gegensatz zum MEGA BLAST wird dieser Algorithmus für die Datenbanksuche verwendet, wenn man nach sehr unterschiedlichen homologen Sequenzen in verschiedenen Spezies suchen will. Der große Unterschied zum MEGA BLAST und BLASTN liegt in der Indexsuche, in der auch nach **ähnlichen** Treffern gesucht wird. So können auch weniger konservierte Sequenzen gefunden werden. Wie sieht nun aber so eine Indexsuche nach ähnlichen Treffern aus? Hier wird keine Substitutionsmatrix verwendet, wie sie für Proteine beschrieben wurde. Stattdessen wird mit Hilfe eines speziellen Filters an ganz bestimmten Positionen im Index ein Mismatch erlaubt. Für die Definition des Filters muss man drei Werte angeben: die word size, die Länge des Filters und den Typ des Filters. So kann man z.B. folgenden Filter defnieren:

> **word size**: 11
> **Filter-Länge**: 16
> **Filter-Typ**: kodierend
> **Filter**: 1101101101101101

Innerhalb des Filters mit der Länge 16 sind 11 Positionen (word size ist 11) mit einer 1 markiert und 5 Positionen mit einer 0. Die 1 steht für einen Match und die 0 für einen Mismatch. Sieht man sich den Filter noch

---

[3] http://www.ncbi.nlm.nih.gov/blast/megablast.shtml

einmal genauer an, so kann man erkennen, dass immer an der dritten Position ein Mismatch erlaubt wird. Nun, laut dem genetischen Code stehen jeweils drei Nukleotide für eine Aminosäure, wobei die dritte Position eines solchen Triplets häufig nicht eindeutig ist (siehe Tabelle 4.2). Für Alanin gibt es beispielsweise die folgenden vier Triplets: GCT, GCC, GCA, GCG. Steht in der Suchsequenz jetzt GCT und in der Datenbanksequenz GCC, so würde man bei einer identischen Suche keinen Treffer bekommen. Verwendet man aber das diskontinuierliche MEGA BLAST mit dem oben angegebenen Filter, so ist ein Mismatch an der dritten Position des Tripletts erlaubt. Diese Form der Datenbanksuche ermöglicht das Auffinden von homologen Sequenzen in verschiedenen Spezies, die unterschiedliche Tripletts für die gleiche Aminosäure verwenden. Dies war bisher nur auf Proteinebene möglich. (Quelle: NCBI[4])

5.2.7 PSI-BLAST

Eine spezielle Form der Datenbanksuche mit dem BLAST-Algorithmus ist das PSI-BLAST (Altschul et al., 1997; Altschul and Koonin, 1998). Die Abkürzung steht für **positionsspezifischer iterativer** BLAST und kann nur für die Suche nach Proteinen verwendet werden.

Die Suche wird wie beim einfachen BLAST mit einer beliebigen Suchsequenz der Länge **L** gestartet. Als Ergebnis erhält man eine normale BLAST-Tabelle, sortiert nach den E-Werten. Anschließend wird aus allen Treffern ein multiples Alignment berechnet (siehe Kapitel 6). Aus diesem Alignment wird die Konsensussequenz und damit wiederum eine positionsspezifische Matrix (PSSM) berechnet. Die Matrix sieht aus wie eine Substitutionsmatrix (z. B. BLOSUM62) mit dem Unterschied, dass die Matrix nicht 20x20 Felder hat, sondern Lx20 (Gribskov et al., 1987). Die Abbildung 5.7 verdeutlicht die Vorgehensweise.

Die **Iteration** bei dem PSI-BLAST entsteht dadurch, dass mit dem errechneten Profil nach der ersten Datenbanksuche immer wieder neu gesucht wird. Dabei gehen nach jedem PSI-BLAST die gefundenen Treffer mit in das multiple Alignment und damit auch in das Profil der Konsensussequenz ein. So erhalten die hoch konservierten Positionen einen hohen positiven Score und die nicht-konservierten Positionen einen sehr negativen Score. Der Anwender selbst entscheidet, mit welchen Sequenzen das multiple Alignment erstellt wird.

Mit der positionsspezifischen Matrix kann viel gezielter nach verwandten Proteinen gesucht werden, da neben der reinen Sequenzinformation auch die Position innerhalb der Suchsequenz mit in die Suche eingeht. Beim normalen BLAST erfolgt die Suche positionsunabhängig, da nur eine einfache Substitutionsmatrix verwendet wird.

Der Vorteil der profilbasierten Sequenzsuche ist, dass die Verwandtschaft zwischen Proteinen bei vielen Familien nur durch einen Vergleich der dreidimensionalen Struktur zu erkennen ist. Da aber diese Strukturinformationen im Vergleich zu den Sequenzinformationen eher gering sind, ist die Profilsuche ein

----

[4]http://www.ncbi.nlm.nih.gov/blast/discontiguous.shtml

Multiples Alignment

```
1 . . 10 11 12 13 14 15 . . 342    Position

. .  E  L  V  K  A  G  . .         Suchsequenz mit L = 342
. .  G  L  V  E  P  G  . .         Vergleichssequenzen
. .  V  S  V  A  L  G  . .         aus der Datenbank
. .  L  P  V  T  P  G  . .

. .  V  L  V  A  P  G  . .         Konsensussequenz
```

Positionsspezifische Matrix

		A	C	D	E	F	G	H	I	K	L	M	N	P	Q	R	S	T	V	W	Y
1																					
.	.																				
.	.																				
10	V	3	-2	3	4	0	4	-1	3	-1	4	4	1	1	1	-2	1	2	6	-6	-2
11	L	2	-2	-2	-1	3	0	-1	3	-1	6	5	-1	3	0	-1	3	1	4	1	-1
12	V	2	2	-2	-2	2	2	3	11	-2	8	6	-2	1	-2	-2	0	2	15	-9	-1
13	A	6	-2	5	6	-5	4	1	0	5	-2	0	3	3	3	1	3	6	0	-6	-4
14	P	6	-1	0	1	-2	2	0	1	0	2	2	0	8	2	0	2	2	3	-5	-4
15	G	7	1	7	5	-6	15	-1	-3	0	-4	-3	4	3	2	-3	6	4	2	-11	-7
.	.																				
.	.																				
342																					

Abbildung 5.7: Berechnung einer positionsspezifischen Matrix aus einem multiplen Alignment, verändert nach Gribskov et al. (1987).

sehr wichtiges Werkzeug, um dennoch unbekannte Proteine zu identifizieren. Ein schönes Beispiel beschreiben Stephen F. Atschul und Eugene V. Koonin (1998). Sie konnten mit dem PSI-BLAST die Funktion eines unbekannten Proteins aufklären. Bei der normalen BLAST-Suche fanden sie keinen richtigen Treffer, erst das PSI-BLAST zeigte Ähnlichkeiten zu DNA-Ligasen.

RPS-BLAST

Eine besondere Form von PSI-BLAST wird am NCBi angeboten: das RPS-BLAST. RPS steht für *reverse position-specific.* Diese BLAST-Variante erlaubt es, mit einer Proteinsequenz eine PSSM-Datenbank zu durchsuchen. Das heisst, es wird nicht erst ein PSSM während der Datenbanksuche erzeugt (wie beim PSI-BLAST), sondern die PSSMs sind schon vorher berechnet worden und werden nun mit der Suchsequenz durchsucht. Mit dem RPS-BLAST am NCBI kann man unterschiedliche Motiv-Datenbanken (Conserved Domain Database CDD, siehe Kapitel 8.1.3) durchsuchen.

5.2.8 PHI-BLAST

PSI-BLAST sucht über ein **quantitatives** Motiv in Form einer positionsspezifischen Matrix homologe Proteine, PHI-BLAST verwendet dagegen ein **qualitatives** Motiv in Form eines regulären Ausdruckes (Zhang et al., 1998), um während der Datenbanksuche ähnliche Sequenzen mit dem gleichen Motiv zu finden. Ebenso wie PSI-BLAST kann man PHI-BLAST nur für Proteinsequenzen anwenden.

PHI-BLAST steht für *pattern-hit initiated blast*. Unter einem Motiv oder Muster (engl. *pattern*) versteht man in diesem Zusammenhang ein Sequenzmuster, das charakteristisch für bestimmte Proteindomänen oder -familien ist. So ein Muster wird auch als eine Signatur bezeichnet und in Form eines regulären Ausdrucks angegeben. Ein regulärer Ausdruck ist nichts anderes als eine Maske, die auf bestimmte Sequenzen passt und alle möglichen Aminosäuren an jeder Position wiedergibt, ohne jedoch eine Wahrscheinlichkeit für die jeweilige Aminosäure anzugeben.

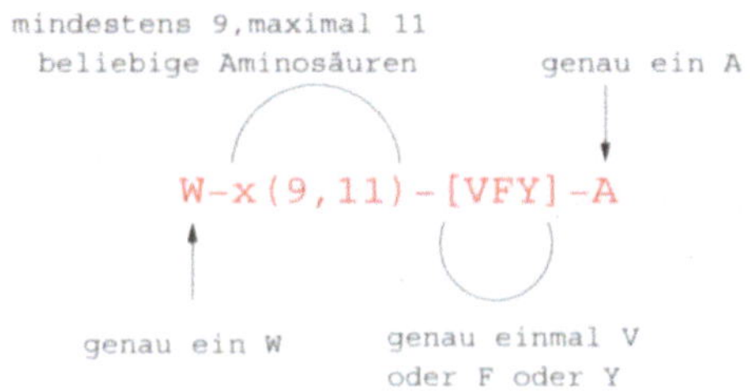

Abbildung 5.8: Eine Signatursequenz in Form eines regulären Ausdrucks

Im regulären Ausdruck (siehe Abbildung 5.8) sind Tryptophan (W) und Alanin (A) stark konserviert. Auf W folgen 9, 10 oder 11 beliebige Aminosäuren in einem nicht-konservierten Bereich. Dann muss jedoch entweder ein Valin (V), ein Phenylalanin (F) oder ein Tyrosin (Y) folgen. Der Bindestrich zwischen den Zeichen dient nur der besseren Lesbarkeit und steht für kein Zeichen.

Eine Datenbanksuche mit PHI-BLAST gibt dem Anwender darüber Auskunft, wie signifikant ein spezielles Muster in seiner Suchsequenz ist. Dazu wird das Muster zusammen mit der Suchsequenz gegen die Datenbank geschickt. Zurückgegeben werden nur die Proteine, die eine Ähnlichkeit mit der Suchsequenz haben **und** die auch das Motiv aufweisen können. Liegen die E-Werte über einem bestimmten Schwellenwert, ist das Ergebnis statistisch signifikant, und man kann daraus schließen, dass das Muster in dieser Proteinfamilie eine funktionelle Rolle spielt. Am NCBI kann man mit den Ergebnissen einer PHI-BLAST-Suche anschließend eine PSI-BLAST-Suche durchführen.

5.2.9 Alternativen zu BLAST

Auch wenn BLAST immer noch das am häufigsten verwendete Online-Tool zur Datenbanksuche ist, so gibt es inzwischen auch andere Programme, die man für die Datenbanksuche verwenden kann. Zwei davon sollen im Folgenden kurz vorgestellt werden.

SSAHA

SSAHA steht für *sequence search and alignment by hashing algorithm* und wurde von Ning und Kollegen am Sanger Center entwickelt (2001). Grundsätzlich unterscheidet sich SSAHA von BLAST dadurch, dass statt eines Index aus der Suchsequenz ein Index aus der Datenbank erzeugt wird. Dieser Index wird in einer Hash-Tabelle[5] gespeichert. In dem nachfolgenden Beispiel wird aus drei Sequenzen (S1, S2 und S3) eine Hash-Tabelle mit einer wordsize von 2 erzeugt (die Standardlänge für den Index beträgt 10):

```
S1: GT AC GT TC
S2: AC GT TA AG TT
S3: CC AC TT AG GA
```

0	1	2	3	4	5	6	7	8	9	10	11	12	13	14	15
AA	AC	AG	AT	CA	CC	CG	CT	GA	GC	GG	GT	TA	TC	TG	TT
	1,3	2,7			3,1			3,9			1,1	2,5	1,7		2,9
	2,1	3,7									1,5				3,6
	3,3										2,3				

In der ersten Zeile steht ein Index für jede mögliche Zweier-Kombination aus vier Nukleotiden, die in der zweiten Zeile aufgeführt sind. Daran schließt sich das tatsächliche Vorkommen der Zweier-Nukleotide in den drei Datenbanksequenzen: Die erste Zahl steht für die Sequenz, die zweite für die Position in der Sequenz. Zum Beispiel beträgt der Index für GT 11 und GT taucht dreimal auf: In der Sequenz S1 an Position 1 und 5 und in Sequenz 2 an Position 3. Der Index der Hash-Tabelle erlaubt ein sehr schnelles Durchsuchen der Datenbank mit der Suchsequenz.

SSAHA wird verwendet für die Suche nach sehr ähnlichen Sequenzen, z.B. bei der Suche nach SNPs (single Nukleotidpolymorphismus) oder bei der Assemblierung von Sequenzen bei Genomprojekten. Die Indizierung der Datenbank in Form der Hashtabelle macht die Suche sehr schnell, hat aber den Nachteil, dass man einen sehr leistungsstarken Computer benötigt, da die komplette Datenbank in den Hauptspeicher geladen werden muss.

---

[5]Eine Hash-Tabelle ist eine spezielle Speicherungsform für Daten. Auf die Daten in einer Hash-Tabelle kann sehr schnell über eine Hash-Funktion zugegriffen werden.

BLAT

BLAT, BLAST-*like alignment tool*, wurde an der Universität von Kalifornien von Jim Kent[6] entwickelt (2002). Wie schon für SSAHA beschrieben, erstellt auch **BLAT** einen Index aus der Datenbank (statt aus der Suchsequenz wie bei BLAST). Auch hier wird der Index im Hauptspeicher des Computers gehalten, so dass BLAT nur mit einem entsprechend leistungsfähigen Computer verwendet werden kann. Wenn man z.B. eine Datensuche gegen das komplette Humangenom machen will, so benötigt der Index ein Gigabyte RAM (word size 11), eine Datenbanksuche gegen alle humanen Proteine benötigt zwei Gigabyte (word size 4). Bei der Erstellung des Index werden alle Bereiche ausgelassen, die zu oft in der Datenbank vorkommen, z.B. repetitive Bereiche. Auch Bereiche mit Sequenzierunsicherheiten bzw. mehrdeutigen Nukleotiden/Proteinen (z.B. R für A oder G, siehe Tabelle 4.1) werden nicht in den Index mitaufgenommen.

BLAT ist geeignet für die Suche nach DNA-Sequenzen mit einer Länge von mindestens 40 bp und einer Ähnlichkeit von mehr als 95 %. Proteine sollten mindestens 20 Aminosäuren lang sein, um homologe Sequenzen von mindestens 80 % Ähnlichkeit zu finden.

Zusammenfassung

➤ BLAST ist ein heuristischer Suchalgorithmus zur schnellen Datenbanksuche. Im Gegensatz zu FASTA wird bei der Indexsuche zu Beginn nicht nur nach identischen Hits gesucht, sondern auch nach ähnlichen Positionen. Durch die Two-Hit Methode zählen nur die Treffer als Hits, die in direkter Nachbarschaft einen zweiten Treffer haben.

➤ BLAST filtert und sortiert die Treffer nach ihrem E-Wert. Nur Alignments mit einem E-Wert < 0,001 werden angegeben, Alignments mit höheren E-Werten sind nicht mehr statistisch signifikant.

➤ PSI-BLAST ist eine Erweiterung der BLAST-Suche. Basierend auf den Treffern, die mit der ersten Suche gefunden werden, wird ein multiples Alignment erstellt. Aus der Konsensussequenz des Alignments errechnet das Programm eine positionsspezifische Matrix, mit der die nächste BLAST-Suche durchgeführt wird. Die Iteration der BLAST-Suche kann mehrmals durchgeführt werden, wobei die ausgewählten neuen Sequenzen mit in das multiple Alignment und damit auch in das Profil einbezogen werden.

➤ PHI-BLAST gibt Auskunft darüber, ob ein bestimmtes Motiv in der Suchsequenz konserviert ist. Nur wenn die Kombination aus beiden in einer Datenbanksuche statistisch signifikante Treffer liefert, spielt genau dieses Muster in dieser Proteinfamilie eine funktionell wichtige Rolle.

---

[6]http://www.soe.ucsc.edu/~kent/

Beispielprogramme und Webadressen

- Die primären Datenbanken Genbank, EMBL und DDBJ (siehe Kapitel 2) bieten alle die Möglichkeit, ihre Datenbanken mit BLAST zu durchsuchen:
  Genbank http://www.ncbi.nlm.nih.gov/blast/
  EMBL http://www.ebi.ac.uk/blast2
  DDBJ http://spiral.genes.nig.ac.jp/homology/blast-e.shtml

- Der Suchalgorithmus BLAST ist am NCBI von Stephen Atschul, Warren Gish, Webb Miller, Gene Myers und David Lipman entwickelt worden. Hier bekommt man auch den Quellcode aller BLAST-Anwendungen:
  ftp://ncbi.nlm.nih.gov/blast/executables
  Das NCBI bietet selbst ein BLAST-Tutorial an:
  http://www.ncbi.nlm.nih.gov/Education/BLASTinfo/
  information3.html und einen sogenannten *Selection guide*, der einem bei der Auswahl des richtigen BLAST-Programmes hilft:
  http://www.ncbi.nlm.nih.gov/BLAST/producttable.shtml

- eine Art Tutorial ist im Journal *Genome Biology* von Alexander Pertsemlidis und John W Fondon erschienen und online frei erhältlich:
  http://genomebiology.com/2001/2/10/reviews/2002.3

- PSI-BLAST und PHI-BLAST werden natürlich vom NCBI angeboten, da beide hier entwickelt wurden:
  http://www.ncbi.nlm.nih.gov/blast/

- WU-BLAST von der Universität Washington gibt es als Online-Tool am EBI:
  http://www.ebi.ac.uk/blast2/
  den Quellcode unter: http://blast.wustl.edu/

- den Quellcode von SSAHA gibt es am Sanger Center:
  http://www.sanger.ac.uk/Software/analysis/SSAHA/

- den Quellcode von BLAT findet man bei Jim Kent:
  http://www.soe.ucsc.edu/~kent/src/
  als Online-Tool wird es ebenfalls angeboten, jedoch nur mit ausgewählten Genomen als Datenbank:
  http://genome.cse.ucsc.edu/cgi-bin/hgBlat?command=start

6

Multiple Alignments

Das multiple Alignment, also das gleichzeitige Analysieren mehrerer Sequenzen, liefert im Vergleich zum paarweisen Sequenzvergleich genauere Informationen über Aminosäureverteilungen an einzelnen Positionen. Solche Verteilungen können nicht nur Aufschluß über konservierte Bereiche geben sondern sie sind auch die Grundlage für profilbasierte Datenbanksuchen (siehe Kapitel 5.2.7) und phylogenetische Analysen (siehe Kapitel 7). Die häufigsten multiplen Alignments sind globale Alignments, die mit heuristischen Methoden errechnet werden. Für die Analyse von Proteindomänen werden lokale multiple Alignments benötigt.

Die Berechnung eines multiplen Alignments von n Sequenzen ist zeitaufwendiger als ein einfaches paarweises Alignment. Man sucht sich nicht den kürzesten Weg durch eine zweidimensionale Matrix (siehe Kapitel 4.3), sondern durch eine n-dimensionale Matrix. Aus diesem Grund ist die exakte Berechnung des multiplen Alignments meistens zu zeitintensiv. Es gibt mittlerweile viele heuristische Methoden, die den Verlust der Genauigkeit in Kauf nehmen, um den Rechenaufwand dafür schnell zu bewältigen.

Multiple Alignments lassen sich nach der Art ihrer Berechnung in zwei Klassen unterteilen: in **globale** multiple Alignments und in **lokale** multiple Alignments (siehe Abbildung 6.1). Das globale Alignment fasst die Sequenzen in einem Block unter Einführung von Gaps zusammen, das lokale Alignment sucht in den Sequenzen nach Blöcken großer Ähnlichkeit und erstellt dann blockweise multiple Alignments ohne Gaps. Einen umfassenden Vergleich der verschiedenen Alignmentmethoden findet man in der Veröffentlichung von Thompson, Plewniak und Poch (1999).

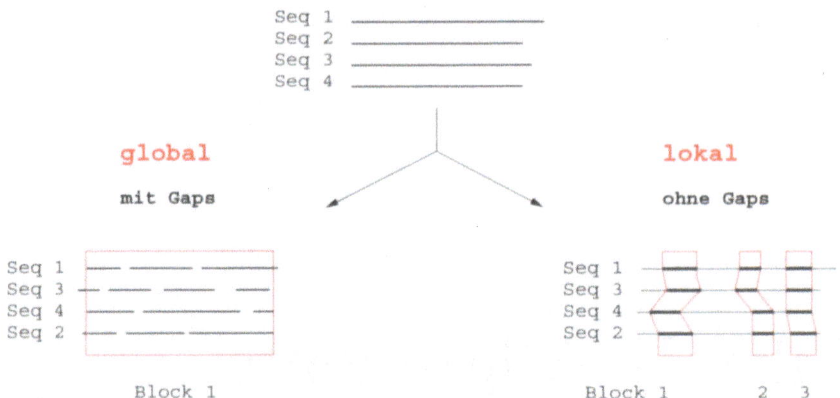

Abbildung 6.1: Globale und lokale multiple Alignments

6.1 Globale multiple Alignments

6.1.1 Progressives Alignment nach Feng & Doolittle

Die Feng & Doolittle Methode (1987) verwendet den Needleman & Wunsch Algorithmus (1970), um ein globales multiples Alignment zu erstellen.

Zu Beginn wird zunächst von allen Sequenzpaaren ein Alignment erstellt und mit Hilfe einer Substitutionsmatrix der Ähnlichkeitsscore S und der korrigierte Ähnlichkeitsscore S_{eff} für das Alignment berechnet (Feng and Doolittle, 1996).

$$S_{eff} = \frac{S_{real} - S_{rand}}{S_{ident} - S_{rand}} \cdot 100 \qquad (6.1)$$

S_{eff} korrigierter Ähnlichkeitsscore S für die Sequenzen x und y

S_{real} Ähnlichkeitsscore S für das globale Alignment aus den Sequenzen x und y nach Needleman & Wunsch

S_{rand} *random* Score, entsteht durch das Alignment von zwei zufällig erzeugten Sequenzen mit dem gleichen Aminosäuregehalt und gleicher Sequenzlänge wie x und y

S_{ident} Mittelwert aus dem Ähnlichkeitsscore S von x und y, wenn sie jeweils mit sich selbst alignt werden

Der korrigierte Ähnlichkeitsscore wird in den „Unähnlichkeitsscore" D (engl. *difference score*) umgewandelt und in eine Matrix (siehe Abbildung 6.2) eingetragen. D ist ein Maß für die evolutionäre Distanz zwischen den Sequenzen.

$$D = -lnS_{eff} \tag{6.2}$$

Die Matrix hat für n Sequenzen $(n-1) \cdot n/2$ Felder. In dem Beispiel mit vier Sequenzen (siehe Abbildung 6.2.1) sind es zehn Felder. Da so eine Distanzmatrix in sich gespiegelt ist, benötigt man nur die untere (oder obere) Hälfte der Felder. Die Diagonale in dieser Matrix hat immer den Wert 0, weil die Differenz zwischen zwei Sequenzen mit sich selbst 0 ist. Sie liefert also keine Informationen für das Alignment der Sequenzen.

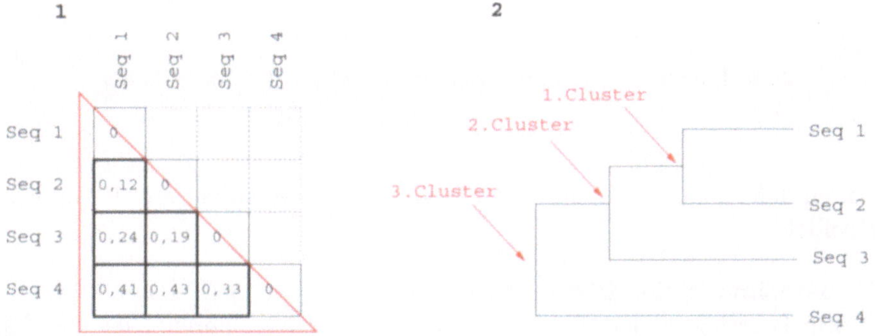

Abbildung 6.2: Multiples Alignment nach Feng & Doolittle. 1: Berechnung der Distanzen zwischen den Sequenzen, 2: Darstellung der Matrix in einem Dendogramm nach UPGMA (Initialbaum)

Ausgehend von der Matrix wird ein Dendogramm erstellt. Dort stehen ähnliche Sequenzen zusammen in einem Cluster (siehe Abbildung 6.2.2). In dem Beispiel bilden Seq 1 und Seq 2 ein Cluster, Seq 1, Seq 2 und Seq 3 ein zweites und Seq 1, Seq 2, Seq 3 und Seq 4 das dritte. Wenn zwei Cluster zusammengefasst werden, wird das arithmetische Mittel aus ihren Distanzen gebildet. Die Methode, die Distanzen der Cluster mit dem Mittelwert zu berechnen, nennt man **UPGMA** (engl. *unweighted pair-group method using arithmetic averages*). Berechnungen nach UPGMA gehen davon aus, dass die Sequenzen gleichmäßig und mit konstanter Geschwindigkeit evolvieren. Beginnend mit dem ersten Cluster der am nächsten verwandten Sequenzen in dem Initialbaum wird das multiple Alignment aufgebaut (siehe Abbildung 6.3). Ein Gap, der in dieser Phase einmal in die Sequenzen eingefügt worden ist, bleibt immer bestehen. Kommt durch das Hinzufügen des nächsten Clusters ein weiterer Gap, so bleibt auch dieser bestehen („*once a gap, always a gap*", Feng and Doolittle (1987)).

Initialbaum

6.1.2 CLUSTALW

Das Programm CLUSTALW wurde von Julie Thompson, Desmond Higgins und Toby Gibson (1994) entwickelt und berechnet ebenfalls ein progressives und globales multiples Alignment. CLUSTALW bewertet Gaps und ausgetauschte Ami-

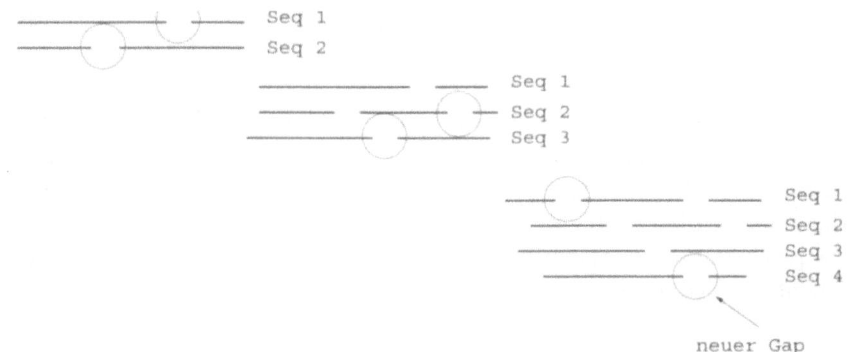

Abbildung 6.3: Erstelltung des Alignments aus dem Initialbaum

nosäuren differenzierter. Dadurch wird die Methode sensitiver als die von Feng
& Doolittle.

1. **Berechnung der Distanzen**
   Zur Berechnung der Distanzmatrix gibt es zwei Verfahren: *slow* und *fast*.
   Der schnelle Weg ist der heuristische über die Anzahl der identischen Tref-
   fer bei einer *k-tuple*-Suche (siehe Kapitel 5.1), der langsamere erstellt ein
   optimales paarweises Alignment nach Needleman & Wunsch (1970) (siehe
   Abbildung 6.4.1).

2. *Neighbor-Joining* **zur Berechnung des Initialbaumes**
   Ausgehend von der Distanzmatrix wird in zwei Stufen der Initialbaum berechnet, von dem ausgehend die Sequenzen miteinander verglichen werden.
   Die Distanzen in diesem Baum werden jedoch nicht aus dem arithmeti-
   schen Mittel (UPGMA) gebildet, sondern nach der **Neighbor-Joining-
   Methode (NJ)** (Saitou and Nei, 1987). Zu Beginn werden alle Sequenzen
   an den Ästen des ersten Baumes mit Sterntopologie verteilt (siehe Abbildung 6.4.2). Die Astlängen orientieren sich an den Distanzen. In diesem
   Baum wird in der Mitte die Wurzel positioniert. Von dieser Wurzel ausgehend wird jetzt der gewurzelte NJ-Baum gebildet, bei dem jeder Ast
   für sich nach einem speziellen Verfahren gewichtet wird. Gruppen mit eng
   verwandten Sequenzen bekommen einen kleinen Wert, einzeln stehende
   Sequenzen mit einer großen Distanz zu allen anderen einen hohen Wert.
   Der Ast von Seq 7 (siehe Abbildung 6.4.3) erhält eine Länge von 0.442.
   Das ist der längste Ast im Baum, weil die Sequenz die größte Distanz zu
   den anderen hat. Die anderen Astlängen ergeben sich aus der Summe der
   Astlängen von der Wurzel zu der jeweiligen Sequenz, allerdings wird vor
   der Addition der Längen durch die Anzahl der Sequenzen dividiert, die
   sich diesen Ast teilen (siehe Abbildung 6.4.3).

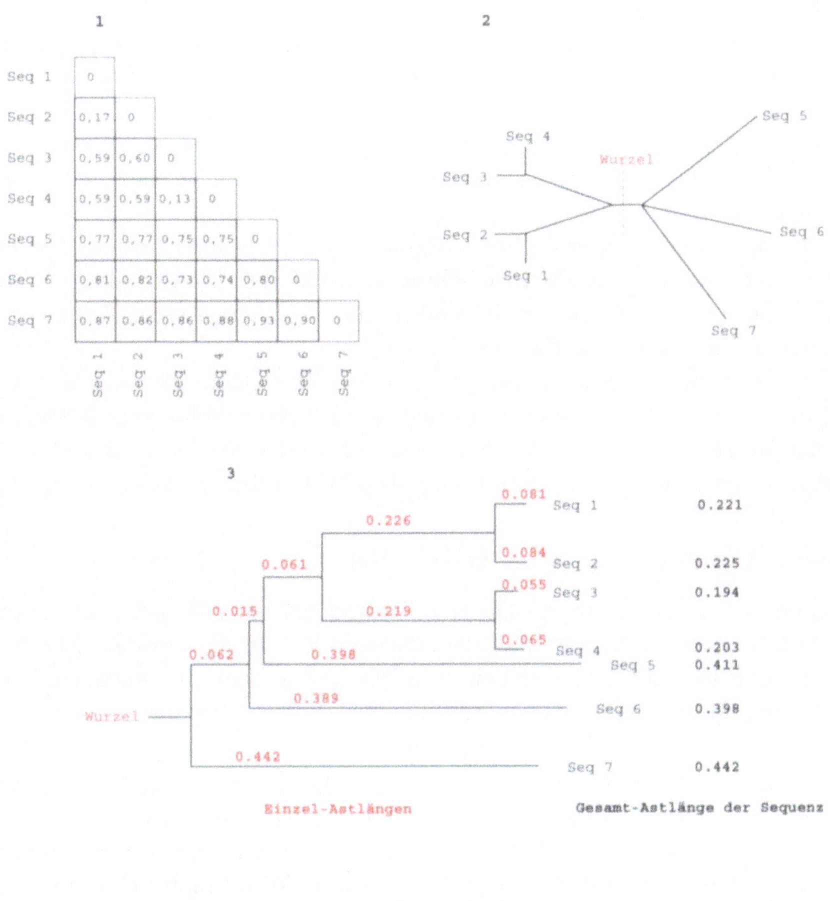

Abbildung 6.4: CLUSTALW, 1: Distanzmatrix von 7 Sequenzen, 2: Ungewurzelter NJ-Baum, 3. Gewurzelter NJ-Baum. An den Ästen (rote Zahlen) stehen die Einzelastlängen, am Ende des Astes die Gesamtastlänge (schwarze Zahl) (verändert nach Thompson et al. (1994)).

3. Progressives multiples Alignment

Das progressive multiple Alignment beginnt mit den engsten verwandten Sequenzen, in Abbildung 6.4 mit **Seq** 1 und 2 und mit **Seq** 3 und 4. Die paarweisen Alignments **Seq** 1/2 und **Seq** 3/4 werden anschließend wieder paarweise miteinander alignt. Dann folgt das Alignment von **Seq** 1/2/3/4 mit Seq 5 usw. Werden bei dem Alignment von zwei Sequenzen bzw. Clustern Gaps eingefügt, so bleiben sie für immer bestehen. Das paarweise Alignment in CLUSTALW bewertet Gaps in diesem Schritt unterschiedlich. Werden Sequenzen mit einer hohen Identität zueinander verglichen, so steigt der Wert des Strafpunktes für die Einführung eines

Gaps (Gap-open Strafpunkt) an, sind die Sequenzen nicht so eng verwandt, werden auch die Gaps nicht so hart bestraft. Längere Sequenzen
differenzierte bekommen höhere Strafpunkte für Gaps als kürzere. Der Strafpunkt für die
Bewertung Ausdehnung eines Gaps (Gap-Extension Strafpunkt) ist von der Differenz
der Gaps der Sequenzlängen zueinander abhängig. Ist die eine Sequenz wesentlich
kürzer als die andere, so wird jede Verlängerung eines Gaps mit einem
hohen Wert bestraft.

Die nach diesen Kriterien bestimmten Strafpunkte für Gaps werden mit
einem aminosäurespezifischen Faktor multipliziert. Dieser Faktor richtet
sich nach der beobachteten Häufigkeit, mit der neben einer Aminosäure
Gaps auftauchen (empirisch ermittelt).

Für das progressive Alignment verwendet der CLUSTALW nicht nur eine
Substitutionsmatrix, sondern **mehrere** in direkter Abhängigkeit von der
Distanz zwischen den Sequenzen. Eng verwandte werden z. B. mit BLO-
SUM80 bewertet, weit entfernte mit BLOSUM30 (Higgins et al., 1996).

Multiples Alignment einer BLAST-Suche

Die Sequenzen für ein multiples Alignment können aus einer BLAST-Suche stammen (siehe Kapitel 5.2). Statt nun die einzelnen Sequenzen aus dem Ergebnis
zusammenzusuchen und mit ihnen ein multiples Alignment zu berechnen, kann
man Tools benutzen, die für diesen Schritt eine Automatisierung zulassen.

Ballast und DbClustal   Die Ergebnisse einer BLAST-Suche sind nach ihrem
E-Wert sortiert. Das bedeutet, dass man sehr ähnliche Sequenzen am Anfang
der Hitliste findet und in der Mitte oder ganz unten Sequenzen, die nur noch
eine geringe Ähnlichkeit zur Suchsequenz aufweisen. Wenn man sich immer nur
den ersten Teil einer solchen Hitliste anschaut, bedeutet das aber auch, dass
man möglicherweise interessante Hits übersieht. Solche nämlich, die nur mit einem bestimmten Bereich der Suchsequenz eine Ähnlichkeit aufweisen, ansonsten
aber sehr divergent sind. Plewniak, Thompson und Poch haben dafür Ballast
entwickelt (2000). Mit diesem Programm kann man diese sehr divergenten Sequenzen aus einer BLAST-Hitliste automatisch herausfiltern. Dazu machen sie
folgendes: Sie nehmen alle Sequenzen aus der BLAST-Suche mit einem E-Wert
kleiner 0,1 und erstellen mit diesen eine Art Profil, um die am stärksten konservierten Bereiche in den Sequenzen zu finden. Genau diese Bereiche werden
dann auf die Suchsequenz übertragen und als *local maximum segments*, kurz
LMSs, bezeichnet. Anschließend werden **alle** BLAST-Treffer nach dem Vorkommen dieser LMSs durchsucht. Sind ein oder mehrere LMSs in den Hits enthalten,
bekommen sie dafür einen entsprechenden Score, den Ballast-Score. Die Bereiche in den Sequenzen, die ein LMS enthalten, werden mit einem sogenannten
Anker markiert, welcher später für das multiple Alignment wichtig sind.

Wenn man die Ergebnisse einer BLAST-Suche mit Ballast prozessiert hat,
wählt man anschließend alle Sequenzen aus, mit denen ein multiples Alignment
erstellt werden soll. Dabei kann man sich an dem Ballast-Score orientieren.
Für das multiple Alignment wird dann DbClustal verwendet (Thompson et al.,

2000). DbClustal wurde aus Clustalw (siehe Abschnitt 6.1.2) entwickelt und erstellt globale multiple Alignments. Allerdings werden bei der Berechnung des globalen Alignments die Anker berücksichtigt, die von Ballast für jede Sequenz berechnet wurden. Das bedeutet, dass sich das globale Alignment an dem Anker orientiert und dadurch bessere Alignments berechnen kann, da die Ankerbereiche höher gewichtet werden.

PipeAlign PipeAlign (Plewniak et al., 2003) bietet eine Pipeline für das automatische Erstellen von multiplen Alignments und der anschließenden Analyse von Proteinfamilien an, wobei hier nicht nur Ballast und DbClustal eine Rolle spielen, sondern auch RASCAL (Thompson et al., 2003), LEON (Thompson et al., 2004), und Secator (Wicker et al., 2001) bzw. DPC (Wicker et al., 2002). Nachdem man mit Ballast die BLAST-Suche durchgeführt hat und die LMSs und Anker in Suchsequenz und Hits bestimmt hat, berechnet DbClustal ein multiples Alignment. Anschließend wird das multiple Alignment mit RASCAL überprüft und gegebenenfalls korrigiert. Sequenzen, die nicht in dieses multiple Alignment hineingehören, werden von LEON automatisch entfernt. Im letzten Schritt werden die Sequenzen aus dem multiplen Alignment in Proteinfamilien geklustert (wahlweise mit Hilfe von Secator oder DPC). Nach der Prozessierung dieser Pipeline kann man sich die Zwischenergebnisse der einzelnen Schritte ansehen und auch nachher noch Einstellungen verändern, um dann die Prozessierung von diesem Schritt ab noch einmal durchlaufen zu lassen.

6.1.3 Divide and Conquer - simultanes Alignment

Der Algorithmus zum Aufbau des multiplen Alignments mit CLUSTALW erlaubt eine schnelle, aber progressive Berechnung. Der *Divide and Conquer-*Algorithmus (**DAC**, siehe Abbildung 6.5) verfolgt eine andere Strategie. Statt die Sequenzen auseinanderzunehmen und paarweise wieder zusammenzufügen, wird aus allen **simultan** ein Alignment errechnet (Stoye, 1998). Vorher werden die Sequenzen solange iterativ an einer günstigen Stelle zerschnitten, bis sie in einer Länge vorliegen, die sich schnell optimal alignen lässt. Für das optimale multiple Alignment der kurzen Blöcke wird das **MSA**-Programm (Multiple Sequence **Alignment**) verwendet (Lipman et al., 1989). Das MSA bestimmt ein optimales multiples Alignment nach Needleman & Wunsch durch die Berechnung des kürzesten Weges durch eine n-dimensionale Matrix. Für die kurzen Blöcke aus DAC ist dieser Algorithmus nicht zu zeitaufwendig. Vor der Berechnung grenzt das MSA-Programm einen Bereich in der Matrix ein, durch den der Weg führen muss. Dazu wird mit Hilfe des **Carillo-Lipman** Algorithmus (1988) die obere und untere Grenze in der Matrix bestimmt, zwischen denen das optimale multiple Alignment liegt.

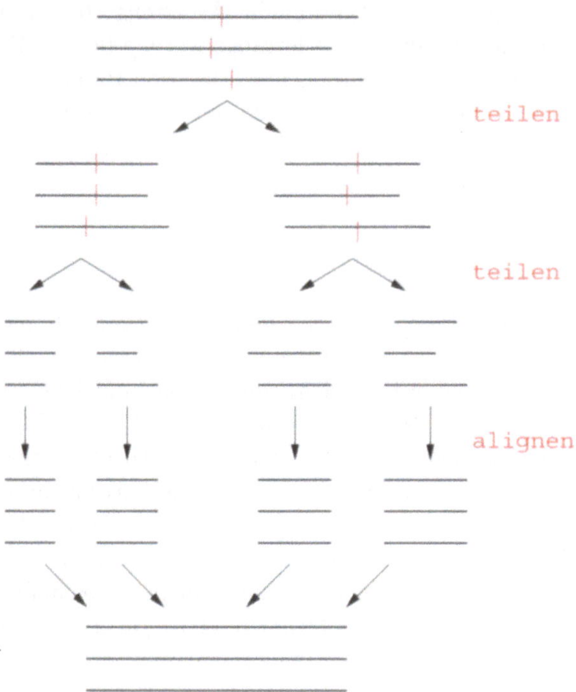

Abbildung 6.5: Divide and Conquer zur Berechnung eines multiplen Alignments, nach Stoye (1998)

6.2   Lokale multiple Alignments

Je nach Fragestellung ist ein globales Alignment nicht sinnvoll, z. B. wenn nach konservierten Proteindomänen gesucht wird (siehe Abbildung 6.1). Tauchen die Domänen nicht in etwa an der gleichen Position in allen Sequenzen auf, so wird man sie mit einem globalen multiplen Alignment nicht finden. Solche Fragestellungen werden mit lokalen multiplen Alignments gelöst. Der Block Maker ist ein Beispiel für das lokale multiple Alignment.

6.2.1   Block Maker

Der **Block Maker** von Steven und Jorja Henikoff (1991) macht aus einem Satz von Sequenzen definierte Blöcke, die **gemeinsame Motive** besitzen und **keine Gaps** haben. Henikoff & Henikoff legen der Identifizierung der Blöcke den **MOTIF**-Algorithmus von Smith (1990) zugrunde. Smith definiert ein Motiv als ein Muster, das innerhalb eines multiplen Alignments mehrmals auftaucht. Haben es alle untersuchten Sequenzen, so ist es ein stringentes Muster, taucht es nur in einigen auf, wird es als degeneriert bezeichnet. Ein Muster besteht aus mindestens drei Aminosäuren: A_1-A_2-A_3. Zwischen den Aminosäuren können null bis siebzehn andere Aminosäuren stehen: A_1-x(0,17)-A_2-x(0,17)-A_3 (siehe Abbildung 6.6).

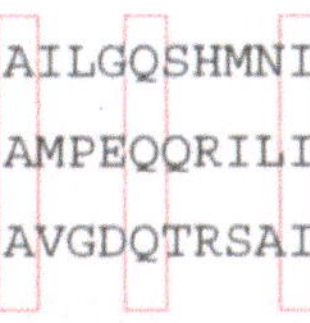

Abbildung 6.6: Beispiel für ein Motiv: A-x(3)-Q-x(4)-I

In dem Block Maker ermittelt als erstes das Programm PROTOMAT die Motive. Anschließend versucht MOTOMAT die durch die Aminosäuren A_1 und A_3 eingegrenzten Blöcke nach rechts und links auszudehnen, bis die Ähnlichkeit der Sequenzen unter einen Schwellenwert sinkt oder aber ein Gap notwendig wäre. Jeder Block erhält einen **Block-Score**. Um den Block-Score auszurechnen, werden die einzelnen Aminosäuren innerhalb jeder Spalte mit einer Substitutionsmatrix bewertet, und daraus wird dann der Mittelwert gebildet. Die Scores der Spalten werden zu S_{ges} summiert und danach normalisiert, um Blöcke unterschiedlicher Länge zu vergleichen (l steht für die Länge des Blocks):

Blöcke ohne Gaps

$$\text{Block Score} = S_{ges} \,/\, \sqrt[2]{l}$$

In einem letzten Schritt werden die Blöcke in die richtige Reihenfolge gebracht (*best path*). Die Reihenfolge richtet sich nach dem Auftreten des Blocks in der Proteinsequenz. Wenn homologe Proteine mehrere Domänen besitzen, müssen sie nicht alle an der gleichen Position in der Sequenz sein. Daher gibt die Sortierung der Blöcke nicht unbedingt die Reihenfolge des Auftretens eines Motivs in jedem Protein aus dem multiplen Alignment wieder, sondern die Reihenfolge in der Mehrzahl der Proteine.

Mit dem Block Maker haben Henikoff & Henikoff mehr als 2000 Blöcke aus über 500 Gruppen von verwandten Proteinen erstellt, die untereinander eine bestimmte Identität hatten. Diese Blöcke waren die Grundlage für die BLOSUM-Substitutionsmatrizen (Henikoff and Henikoff, 1992) und bilden die Datenbank BLOCKS.

LAMA - Lokales Alignment von multiplen Alignments

Ausgehend von der BLOCKS-Datenbank sind eine Reihe von Anwendungen entstanden, um die lokalen multiplen Alignments von BLOCKS weiter zu analysieren. Eins davon ist LAMA (*Local Alignment of Multiple Alignments*). LAMA ist ein Programm, dass Blöcke (multiple Alignments von konservierten Bereichen) miteinander vergleichen kann (Pietrokovoski, 1996). Das Programm ermöglicht es, neue Motive zu finden, die Hinweise auf die Funktion von unbekannten Proteinen geben. Der LAMA-Algorithmus ist sehr sensitiv und kann auch sehr

PSSM

schwache Ähnlichkeit zwischen Proteinfamilien finden. Zunächst wird eine positionsspezifische Matrix (PSSM, siehe 5.2.7) für das Block-Alignment berechnet. Die PSSM des untersuchten Blocks wird mit den PSSMs der Blöcke in der Datenbank verglichen, indem mit Hilfe des Smith & Waterman Algorithmus nach lokalen Alignments der PSSMs gesucht wird. Dabei werden keine Gaps zugelassen, da die PSSMs von multiplen Alignmentblöcken ohne Gaps stammen.

6.3   Darstellung des multiplen Alignments

Um die konservierten Positionen in dem multiplen Alignment hervorzuheben, wird oft eine Konsensussequenz unter das Alignment geschrieben. Sie besteht aus den Zeichen, die innerhalb des Alignments am häufigsten vertreten sind. In der Abbildung 6.7 sind drei mögliche Darstellungsformen der Konsensussequenz gezeigt.

```
1                          2                          3
Seq 1:  TCGTTGCGAATC       Seq 1:  TCGTTGCGAATC       Seq 1:  TC----------
Seq 2:  AGGTGGCTAAAC       Seq 2:  AGGTGGCTAAAC       Seq 2:  ----G--T--A-
Seq 3:  AGGTTGCGAATC       Seq 3:  AGGTTGCGAATC       Seq 3:  ------------
Seq 4:  AGGTTGCGAATC       Seq 4:  AGGTTGCGAATC       Seq 4:  ------------
Kon  :  AGGTTGCGAATC       Kon  :  agGTtGCgAAtC       Kon  :  AGGTTGCGAATC
```

Abbildung 6.7: Möglichkeiten der Darstellung einer Konsensussequenz (Kon)

Die einfachste Art einer Konsensussequenz zeigt Abbildung 6.7.1. Es werden die Zeichen hingeschrieben, die am häufigsten in den untersuchten Sequenzen auftreten. In Abbildung 6.7.2 wird zwischen den Zeichen unterschieden, die in allen Sequenzen gleich sind (Großbuchstaben), und denen, die in der Mehrzahl auftreten (Kleinbuchstaben). Die dritte Form (Abbildung 6.7.3) hebt in den Sequenzen nur die Positionen hervor, die sich von der Konsensussequenz unterscheiden. Eine Konsensussequenz läßt sich auch gut als Sequenzlogo darstellen. Das Logo zeigt sehr eindeutig konservierte Positionen, wie in Abbildung 6.8 zu sehen ist. Näheres dazu gibt es in Tom Schneiders Publikation (1990) und auf seiner Homepage.

Eine andere Möglichkeit ist, statt der Konsensussequenz unter dem multiplen Alignment die konservierten Bereiche direkt in den Sequenzen hervorzuheben. Dafür gibt es eine Vielzahl von Programmen, die die Aminosäuren farbig unterlegen oder sie selbst farbig hervorheben, z. B. Boxshade oder Texshade. Programme wie CLUSTALX, CINEMA, MView (Brown et al., 1998), Belvu und SeaView (Galtier et al., 1996) bieten zusätzlich auch die Möglichkeit, die Alignments von Hand zu editieren.

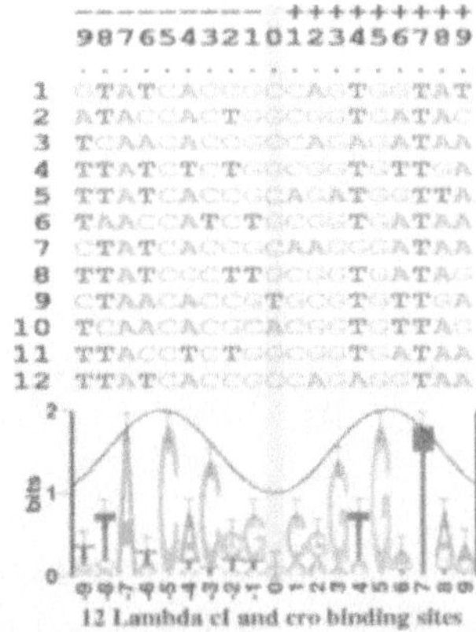

Abbildung 6.8: Sequenzlogo der Kontrollregion im Lambdaphagengenom, an die cI und cro binden. Das Logo wurde freundlicherweise von Tom Schneider zur Verfügung gestellt (http://www.lecb.ncifcrf.gov/~toms/sequencelogo.html)

Zusammenfassung

➤ Multiple Alignments werden in globale und lokale Alignments unterteilt.

➤ Globale Alignments werden iterativ (z. B. Feng & Doolittle, CLUSTALW) oder simultan (z. B. DAC) berechnet. Beides sind heuristische Ansätze, da der Zeitaufwand für ein exaktes optimales multiples Alignment zu groß ist.

➤ Lokale Alignments suchen nach gemeinsamen Motiven in Form von Mustern. Ausgehend von den Motiven werden die Sequenzen in Blöcke unterteilt, die optimal miteinander alignt werden (ohne Gaps).

➤ Für die Interpretation multipler Alignments stehen jede Menge Programme im Internet als Online-Tool oder als Quellcode zur Verfügung (s.u.).

Beispielprogramme und Webadressen

- Mit dem Programm PILEUP aus dem GCG-Paket kann man ein multiples Alignment nach Feng & Doolittle erstellen.

- Es ist unmöglich, hier alle Internetseiten zu nennen, die ein multiples Alignment mit CLUSTALW anbieten. Eine ist das EBI. Hier gibt es CLUSTALW als Online-Tool (http://www.ebi.ac.uk/clustalw/) und den Quellcode unter ftp://ftp.ebi.ac.uk/pub/software/.

- Von CLUSTALW gibt es eine neuere Version mit graphischer Oberfläche CLUSTALX. Auch dafür ist der Quellcode verfügbar unter ftp://ftp-igbmc.u-strasbg.fr/pub/.

- Ballast und Dbclustal als Online-Tool:
  http://igbmc.u-strasbg.fr:8080/DbClustal/dbclustal.html

- PipeAlign als Online-Tool:
  http://igbmc.u-strasbg.fr/PipeAlign/

- Das DAC-Programm gibt es auf dem Bielefelder Bioinformatik Server sowohl als Online-Tool als auch im Quellcode:
  http://bibiserv.techfak.uni-bielefeld.de/dca/.

- Der Block Maker gehört zu einer ganzen Programmfamilie, die nicht nur die Blöcke erstellt, sondern auch mit diesen Blöcken Datenbanken abfragt und vieles mehr. Das Online-Tool gibt es auf der Blocks-Seite:
  http://blocks.fhcrc.org/blocks/blockmkr/make_blocks.html
  und den Quellcode unter:
  ftp://ncbi.nlm.nih.gov/repository/blocks/unix/protomat/.

- Die Sequenzlogos lassen sich mit den Programmen *alpro* und *makelogo* von Tom Schneider erstellen:
  http://www.lecb.ncifcrf.gov/~toms/logoprograms.html
  Weitere Informationen zu Sequenzlogos auf der Homepage von Tom Schneider:
  http://www.lecb.ncifcrf.gov/~toms/
  Steven Brenner bietet auf der Basis von *alpro* und *makelogo* ein Online-Tool an:
  WebLogo http://www.bio.cam.ac.uk/cgi-bin/seqlogo/logo.cgi.

- TEXshade von Eric Beitz (2000) ist eine Ergänzung zum Textsatzsystem LATEX 2$_\varepsilon$ und erleichtert so die Einbindung der multiplen Alignments in Dokumente. Das Programm gibt es als Quellcode an der Universität Tübingen unter:
  http://homepages.uni-tuebingen.de/beitz/biotex.html.

- Boxshade von Kay Hofmann and Michael D. Baronist steht als Online-Tool zur Verfügung:
  http://www.ch.embnet.org/software/BOX_form.html.

- CINEMA (Colour INteractive Editor for Multiple Alignments) liegt als Quellcode unter:
  http://www.biochem.ucl.ac.uk/bsm/dbbrowser/CINEMA2.02/

- MView kann man sich hier herunterladen:
  http://mathbio.nimr.mrc.ac.uk/ nbrown/mview/

- Belvu hier:
  http://www.cgb.ki.se/cgb/groups/sonnhammer/Belvu.html

- und SeaView hier:
  http://pbil.univ-lyon1.fr/software/seaview.html oder als Online-Tool verwenden:
  http://bioweb.pasteur.fr/seqanal/interfaces/mview_alig-simple.html

7
Phylogenetische Analysen

Phylogenetische Analysen versuchen, die evolutionären Beziehungen zwischen den Organismen aufzuklären. In früheren Zeiten stützte man sich auf morphologische Merkmale, heutzutage werden die Protein- und Nukleotidsequenzen für die Analysen immer wichtiger. Die drei häufigsten Methoden, die zur Berechnung von Bäumen verwendet werden, sind die Distanzmethoden, Parsimonymethoden und Maximum-Likelihood-Methoden.

Eines der wichtigsten Ziele der Sequenzanalyse ist letztendlich die Aufklärung stammesgeschichtlicher Beziehungen zwischen den Lebewesen. Mit ihrer Hilfe versucht man Fragen folgender Art zu beantworten: Woher kommen wir? Wie sind wir entstanden? Mit wem sind wir verwandt? Wer ist der gemeinsame Vorläufer? Die Bäume, die sich mit den Sequenzdaten berechnen lassen, sind ein Versuch, Antworten auf diese und andere Fragen zu finden.

Die Berechnung des Baumes beginnt schon mit der Auswahl der Sequenzdaten: Welche Organismen muss man berücksichtigen? Welche Daten sind für die Fragestellung relevant? Gibt es überhaupt genügend Daten, um eine eindeutige Aussage zu treffen? Es werden bei der Berechnung Kriterien gefordert, mit denen vielleicht auch widersprüchliche Daten gegeneinander abgewogen werden können.

Dieses Kapitel soll einen Einblick in die phylogenetische Analyse geben. Anhand des PHYLIP-Pakets werden die gängigsten Algorithmen zur Berechnung der Bäume vorgestellt. Weiterführende Erklärungen findet man in Lehrbüchern zur molekularen Evolution.

7.1   Topologie phylogenetischer Bäume

Ein phylogenetischer Baum besteht aus **Knoten** *(nodes)* und **Ästen** *(branch)*,
wobei immer ein Ast zwei Knoten verbindet. Die terminalen Knoten stehen für
die betrachteten Spezies, Gene oder ähnliches, die im allgemeinen als **OTUs**
bezeichnet werden - *operational taxonomic units*. Die internen Knoten repräsentieren ausgestorbene Vertreter, auch **HTUs** *(hypothetical taxonomic units)* genannt. Sie sind jeweils durch drei Äste mit anderen Knoten im Baum verbunden.

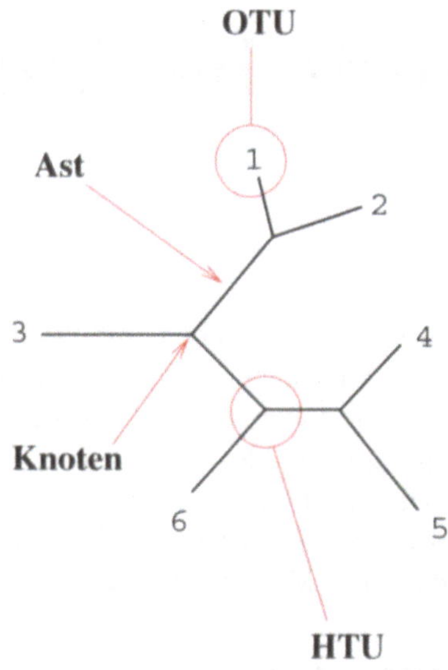

Abbildung 7.1: Ein phylogenetischer Baum mit 6 OTUs

Die Bäume können gewurzelt (**rooted**) oder ungewurzelt (**unrooted**) dargestellt werden. Gehen bei der Berechnung eines Baumes die Anzahl der Unterschiede zwischen den Arten in die Darstellung der Astlängen mit ein, so spricht
man von einem **skalierten** Baum.

Läßt sich in einem Baum eine Gruppe von OTUs auf einen gemeinsamen
Vorfahren zurückverfolgen, so sind diese Spezies **monophyletisch**. Dementsprechend spricht man von **polyphyletisch**, wenn es keinen gemeinsamen Vorfahren gibt. Die Darstellung eines phylogenetischen Baumes mit einem Computer setzt ein für den Computer gut lesbares Format voraus. Das häufigste
Format, dass von allen Programmen gelesen werden kann, ist das **Newick**-
Format, das 1857 von dem englischen Mathematiker Arthur Cayley erfunden
wurde. Zur Entstehung des Namens gibt es folgende kleine Geschichte (Quelle:
PHYLIP-Homepage[1]):

❏ *The Newick Standard was adopted June 26, 1986 by an informal committee meeting during the Society for the Study of Evolution meetings in Dur-*

---

[1] http://evolution.genetics.washington.edu/phylip/newicktree.html

ham, New Hampshire and consisting of James Archie, William H.E. Day, Wayne Maddison (MacClade), Christopher Meacham (COMPROB), F. James Rohlf (NTSYS-PC), David Swofford (PAUP), and myself [Joe Felsenstein] (PHYLIP). The reason for the name is that the second and final session of the committee met at Newick's restaurant in Dover, and we enjoyed the meal of lobsters. There has been as yet no formal publication of the Newick Standard.

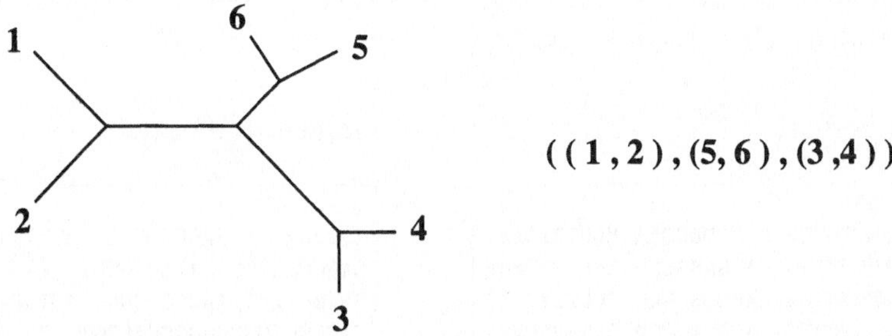

Abbildung 7.2: Ein phylogenetischer Baum aus 6 Spezies als Graph und im Newick-Format

Im Newick-Format werden die OTUs und die Topologie des Baumes durch Klammern und Kommata definiert. Die Klammern umschließen monophyletische Einheiten. Handelt es sich um skalierte Bäume, so werden auch die Astlängen mit in die Beschreibung aufgenommen.

Die phylogenetischen Bäume, die mit Hilfe von Sequenzdaten konstruiert werden, sind **abgeleitete Bäume** (*inferred trees*), da es sich um einen bestimmten Datensatz handelt, mit dem nach einer bestimmten Methode ein Baum errechnet wurde.

7.2 Methoden zur Berechnung

In diesem Abschnitt werden anhand von Proteinsequenzen die gängigsten Methoden zur Berechnung phylogenetischer Bäume vorgestellt. Dabei werden die einzelnen Verfahren anhand des Phylogenieprogramms PHYLIP von Joe Felsenstein näher erklärt. Das PHYLIP-Paket (***Phylogeny Inference Package***) (Felsenstein, 1989) gibt es als freie Software auf dem Server der University of Washington. Es wurde in diesem Buch als Beispielprogramm gewählt, weil es für die drei Betriebssysteme Windows, Macintosh und UNIX erhältlich ist und auch in vielen Publikationen auftaucht.

PHYLIP besteht aus wesentlich mehr einzelnen Programmen als hier in diesem Kapitel vorgestellt. Es ermöglicht die Analyse von Protein- und Nukleotidsequenzen mit einer Reihe von Methoden. Die Bedienung ist relativ einfach, da man über ein Menu die gewünschten Optionen auswählen kann. Die Ausgabedateien sind im ASCII-Format geschrieben und können mit jedem beliebigen

Texteditor bearbeitet werden. Alle Programme greifen auf ein *infile* als Eingabedatei zurück und geben entweder ein *outfile* oder *treefile* zurück.

Ausgangspunkt für alle Bäume ist ein multiples Alignment (siehe Kapitel 6),
das im *interleaved* oder *sequential* Format vorliegen muss. Das *interleaved* Format wird auch als PHYLIP-Format bezeichnet. In der ersten Zeile steht die Anzahl der unterschiedlichen Sequenzen, gefolgt von der Anzahl der Positionen,
die im Alignment verglichen werden. Im ersten Block stehen die Namen der
Sequenzen davor, in den weiteren Blöcken nicht mehr. Dieses Format kann man
z.B. mit CLUSTAL W erzeugen. Im *sequential* Format werden die Sequenzen hin-
tereinander wie in einer Liste aufgeführt.

interleaved Format

```
    6      695
MYS2    SGRMCINMEW GAFGDDGSLA MLSTRFDASV
MYS4    EGRMCVNTEW GAFGNSGELD EFLLEYDRMV
ABP1    EGRMCVNTEW GAFGDSGELD EFLLEYDRMV
ABP1    EGRMCVNMEW GAFGDNGCLD DLRTVFDVAV
MYS1    QGQMCINMEW GAFGDNGCLD DIRTDFDKVV
COFI    QGQMCINMEW GAFGDNGCLD DIRTDFDKVV
```

sequential Format

```
3    42
Turkey    AAGCTNGGGC ATTTCAGGGT
GAGCCCGGGC AATACAGGGT AT
Salmo gairAAGCCTTGGC AGTGCAGGGT
GAGCCGTGGC CGGGCACGGT AT
H. SapiensACCGGTTGGC CGTTCAGGGT
ACAGGTTGGC CGTTCAGGGT AA
```

7.2.1 Berechnung von Distanzbäumen

Distanzbäume werden in zwei Schritten berechnet. Im ersten Schritt wird aus
dem multiplen Alignment eine Distanzmatrix erstellt, im zweiten mit UPGMA
oder Neighbor-Joining der Baum berechnet. Die Distanz kann mit verschiedenen
Modellen bestimmt werden.

Kimuras Distanz Dies ist eine sehr ungenaue Methode der Distanzmessung,
die aber zur ersten groben Berechnung des Baumes nützlich sein kann. Als Distanz wird hier nur ein Maß dafür angegeben, wieviele Aminosäuren zwischen
zwei Sequenzen nicht identisch sind, unabhängig von der Aminosäure, die substituiert wurde.

PAM Die PAM-Matrix berücksichtigt bei der Distanzberechnung, welche Aminosäure ausgetauscht wurde. Konservative Substitutionen werden anders bewertet als nicht-konservative. Verwendet wird hier die PAM1-Matrix (siehe Kapitel 4.1.1), (Dayhoff et al., 1978).

Kategorien-Modell Dieses Modell wurde von Joe Felsenstein entwickelt.
Er teilt die Aminosäuren in mehrere Kategorien ein, die letztendlich auf das
Kimura-2-Parameter-Modell zurückgehen, also Transitionen und Transversio-
nen unterschiedlich bewerten. Eine Transition ist ein Austausch von einem Purin
mit einem anderen Purin bzw. einem Pyrimidin mit einem anderen Pyrimidin

(Pyrimidine: C und T, Purine: A und G). Im Gegensatz dazu wird bei einer Transversion ein Purin mit einem Pyrimidin ausgetauscht und umgekehrt. In diesem Modell werden nur die Aminosäuresubstitutionen für die Berechnung der Distanzmatrix betrachtet, die zu einem Kategorienwechsel führen.

Hat man eines dieser Modelle zur Berechnung der Distanzen verwendet, wird im zweiten Schritt aus dieser Distanzmatrix der Baum berechnet. Diese Vorgehensweise wurde schon im Kapitel 6 erklärt. Es stehen UPGMA und Neighbor-Joining zur Wahl.

❑ *Zur Erinnerung:*
  UPGMA setzt eine konstante Evolutionsrate voraus und nimmt den Mittelwert der Distanzen zur Festlegung der Astlängen. Neighbor-Joining berechnet die Astlängen genauer und versucht, einen Baum mit der kürzesten Gesamtastlänge zu finden.

Distanzbaumberechnung mit PHYLIP

1. Die Distanzmatrix wird mit PROTDIST errechnet. Der Anwender kann zwischen den oben beschriebenen drei Modellen in einem Menü wählen.

```
P  Use PAM, Kimura or categories model?  PAM matrix
M            Analyze multiple data sets?  No
I          Input sequences interleaved?  Yes
O  Terminal type (IBM PC, VT52, ANSI)?   ANSI
1     Print out the data at start of run  No
2  Print indications of progress of run  Yes
```

2. Im nächsten Schritt wird der Baum mit NEIGHBOR berechnet, entweder mit der UPGMA-Methode oder mit Neighbor-Joining.

```
N         Neighbor-joining or UPGMA tree?  Neighbor-joining
O                        Outgroup root?  No, use as
                              outgroup species 1
L         Lower-triangular data matrix?  No
R         Upper-triangular data matrix?  No
S                       Subreplicates?  No
J      Randomize input order of species?  No
M            Analyze multiple data sets?  No
O  Terminal type (IBM PC, VT52, ANSI)?   ANSI
1     Print out the data at start of run  No
2  Print indications of progress of run  Yes
3                        Print out tree  Yes
4      Write out trees onto tree file?   Yes
```

NEIGHBOR gibt zwei Ausgabedateien zurück, ein *outfile* und ein *treefile*. Im *outfile* ist der Baum skizziert und eine Tabelle mit den Astlängen zwischen den Knoten angegeben.

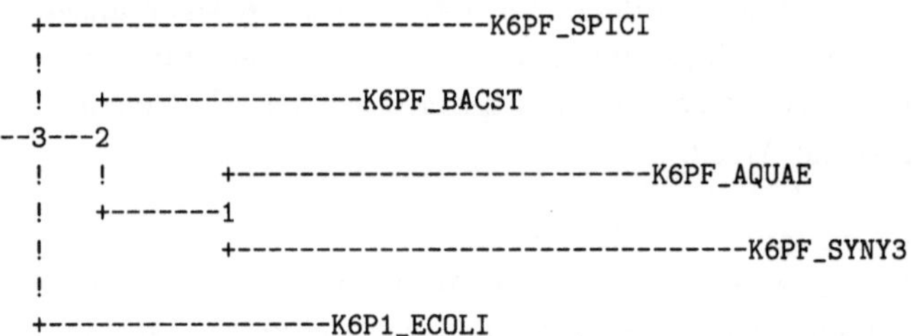

Between	And	Length
3	K6PF_SPICI	0.51989
3	2	0.06332
2	K6PF_BACST	0.32487
2	1	0.14071
1	K6PF_AQUAE	0.54349
1	K6PF_SYNY3	0.62383
3	K6P1_ECOLI	0.34948

Im *treefile* stecken die Informationen über Astlängen und Spezies im Newick-Format.

```
(K6PF_SPICI:0.51989,(K6PF_BACST:0.32487,(K6PF_AQUAE:0.54349,
K6PF_SYNY3:0.62383):0.14071):0.06332,K6P1_ECOLI:0.34948);
```

3. Wenn man dieses *treefile* an DRAWTREE weitergibt, wird ein Baum gezeichnet.

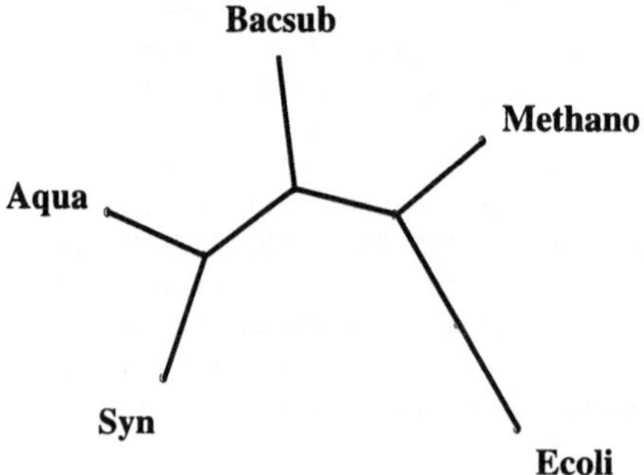

7.2.2 Das Parsimony-Prinzip

Das Parsimony-Prinzip (engl., Sparsamkeit)(Eck and Dayhoff, 1966; Fitch, 1977) versucht einen Baum zu finden, der mit den wenigsten Substitutionen auskommt, um die Unterschiede in den Sequenzen zu erklären. Es wird für alle möglichen Bäume ein Score berechnet, um dann den Baum mit dem besten Score auszuwählen - *the maximum parsimonious tree*. Werden mehrere Bäume mit dem gleichen Score gefunden, erhält man *equally parsimonious trees*. Das multiple Alignment wird zu Beginn in beständige (*invariant sites*) und variable Positionen (*variable sites*) unterteilt. Die beständigen sind überall im Alignment identisch, die variablen zeigen Unterschiede auf, wobei hier zwischen informativen und nicht-informativen differenziert wird. Sind an einer Position im Alignment nur unterschiedliche Aminosäuren vorhanden, so ist diese Position nicht-informativ und wird auch nicht in die Berechnung mit einbezogen (im Beispiel Position 4).

Abbildung 7.3: Unterscheidung zwischen beständigen, variablen, informativen und nicht-informativen Positionen in einem multiplen Alignment

Die Position 1 scheint auf den ersten Blick informativ zu sein, schließlich führt ein Austausch von G in Seq 2, 3 und 4 zu C in Seq 1. Allerdings ist dieser Austausch von allen drei anderen Sequenzen gleich, würde also zu keinem neuen Baum führen. Deshalb ist diese Position variabel, aber nicht-informativ. Position 3 sieht ebenfalls informativ aus, aber auch sie führt nur zu drei gleichen Bäumen mit jeweils zwei Austauschen, in Abbildung 7.4.1 gekennzeichnet durch ein rotes Kreuz. Erst Position 5 ist informativ (siehe Abbildung 7.4.2), da es hier einen Baum mit **nur einem Austausch** (*most parsimonious*) und zwei Bäume mit je zwei Austauschen gibt.

Nach der Einteilung der Positionen im Alignment in informativ und nicht-

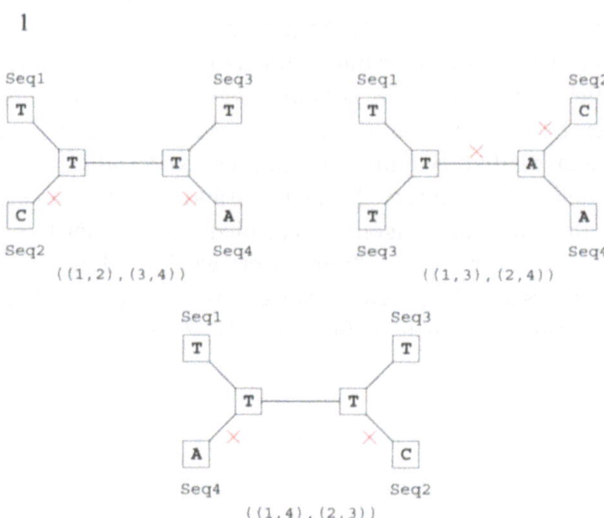

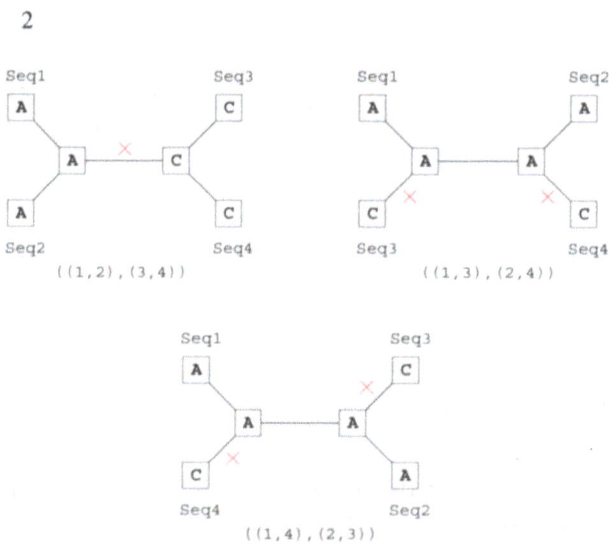

Abbildung 7.4: Darstellung der Parsimony-Bäume von zwei Positionen des Alignments in Abbildung 7.3; 1: Position 3, 2: Position 5

informativ werden die ersten beiden Sequenzen miteinander verglichen, und eine Vorläufersequenz von beiden wird mit möglichst wenigen Substitutionen errechnet. Mit dieser Vorläufersequenz wird die nächste Sequenz im Alignment verglichen und wieder eine Vorläufersequenz berechnet. So wird das gesamte Alignment bearbeitet. Anschließend folgt ein Optimierungsschritt mit Hilfe von globalen Umsortierungen im Baum.

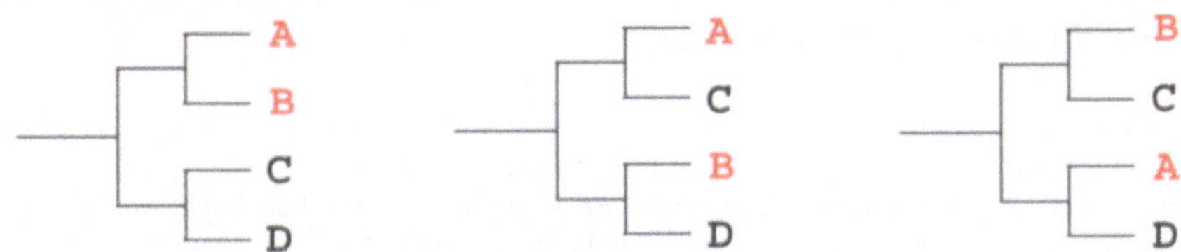

Abbildung 7.5: Globale Umsortierungen nach Parsimony

Durch die Umsortierung werden die OTUs solange miteinander ausgetauscht, bis sie so positioniert sind, dass das Ergebnis einen Baum mit den geringsten Substitutionen ergibt.

Bei der Berechnung der Vorläufersequenz und letztendlich des Baumes werden nicht alle informativen Substitutionen als **relevante** Substitutionen gewertet. Entscheidend ist der genetische Code der Aminosäure. Wird z.B. Phenylalanin (F) in Leucin (L) umgewandelt, so muss eine Base des genetischen Codes ausgetauscht worden sein: TTT → CTT. Von Leucin zu Glutamin (Q) schafft man es auch in einem Schritt, allerdings nur, wenn das „richtige" Codon vorliegt: CTA → CAA. Geht der Weg von Phenylalanin über Leucin zu Glutamin, muss innerhalb von Leucin das Codon wechseln (siehe Abbildung 7.6). Solche Substitutionen werden hier nicht berücksichtigt, weil die Aminosäure sich nicht ändert.

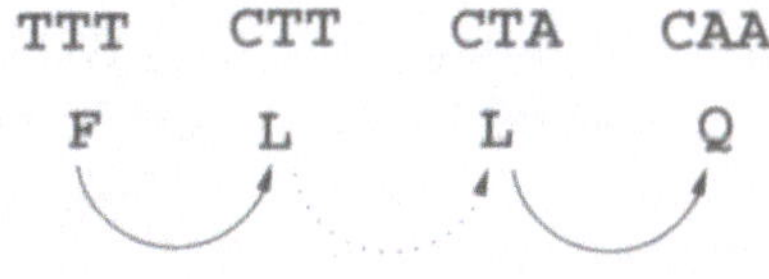

Abbildung 7.6: Relevante und nicht-relevante Substitutionen nach dem Parsimony-Prinzip

Berechnung eines Parsimony-Baumes mit PHYLIP

1. Das Programm PROTPARS wird genauso wie PROTDIST bedient. Mit der
   Option T kann der Anwender einen Threshold für die maximale Anzahl
   an Substitutionen setzen, die mit in die Berechnung des Baumes eingehen
   sollen. Liegt der Threshold z. B. bei 10 und die Sequenzen unterscheiden
   sich in 12 Positionen, so werden nur 10 berücksichtigt. Die Option J würfelt
   die Sequenzen in der Eingabedatei beliebig oft durcheinander. So wird
   verhindert, dass die Reihenfolge der Sequenzen in der Eingabedatei bei
   der Berechnung eine Rolle spielt.

```
U                         Search for best tree?  Yes
J         Randomize input order of sequences?  No. Use input order
O                            Outgroup root?  No
T                  Use Threshold parsimony?  No, use ordinary parsimony
M                 Analyze multiple data sets?  No
I                 Input sequences interleaved?  Yes
O         Terminal type (IBM PC, VT52, ANSI)?  ANSI
1         Print out the data at start of run  No
2         Print indications of progress of run  Yes
3                            Print out tree  Yes
4                 Print out steps in each site  No
5         Print sequences at all nodes of tree  No
6                 Write out trees onto tree file?  Yes
```

2. Der Baum aus PROTPARS landet so wie bei PROTDIST im *treefile* und kann
   mit DRAWTREE formatiert werden.

7.2.3   Bootstrapping - Bewertung der Bäume

Hat man einen Baum berechnet, so stellt sich die Frage, wie sicher das Ergebnis ist. Die phylogenetischen Bäume, die sich mit PROTDIST und PROTPARS
berechnen lassen, sagen nichts über ihre statistische Wahrscheinlichkeit aus.

Die häufigste Methode, um die statistische Wahrscheinlichkeit eines Baumes
zu überprüfen, ist das Bootstrapping (Felsenstein, 1985). Dies ist eine Methode,
die n-mal ein neues multiples Alignment erzeugt durch „Ziehen mit Zurücklegen". Wenn die Sequenzen eindeutig zu analysieren sind, muss der so erzeugte
Datensatz einen eindeutigen Baum ergeben. Die Abbildung 7.7 stellt beispiel-
haft das Bootstrappingverfahren dar.

Original-Alignment

	1	2	3	4	5
Seq 1	C	G	T	A	A
Seq 2	G	G	C	C	A
Seq 3	G	G	T	T	C
Seq 4	G	G	A	G	C

1. neues Alignment

	2	2	5	4	1
Seq 1	G	G	A	A	C
Seq 2	G	G	A	C	G
Seq 3	G	G	C	T	G
Seq 4	G	G	C	G	G

2. neues Alignment

	4	2	3	1	5
Seq 1	A	G	T	C	A
Seq 2	C	G	C	G	A
Seq 3	T	G	T	G	C
Seq 4	G	G	A	G	C

Abbildung 7.7: Bootstrapping - Ziehen mit Zurücklegen

Bootstrapping mit PHYLIP

Im PHYLIP-Paket ist das Programm `seqboot` enthalten, um ein Bootstrapping durchzuführen. Es bietet neben dem Bootstrapping noch zwei weitere Methoden für statistische Stichprobenverfahren:

Delete-half-jackknifing Mit dieser Methode wird nur jeweils die Hälfte der Positionen neu gemischt, wobei ein neuer Datensatz entsteht, der nur halb so groß wie das Original ist und in dem keine Position doppelt vorkommt: „Ziehen ohne Zurücklegen".

Permuting species within characters   Durch die Anwendung dieser Methode werden die Positionen im Alignment beibehalten, nur die Reihenfolge der Sequenzen im Alignment von oben nach unten wird neu gemischt.

SEQBOOT benötigt das multiple Alignment im *interleaved*-Format als Eingabe. Dann wird man von dem Programm nach einer beliebigen ungeraden Zahl gefragt, die es als Ausgangspunkt für das *resampling* braucht. Anschließend gelangt man in das Menü:

```
Bootstrapped sequences algorithm, version 3.573c
Settings for this run:
D    Sequence, Morph, Rest., Gene Freqs?  Molecular seq
J        Bootstrap, Jackknife, or Permute?  Bootstrap
R                    How many replicates?  100
I              Input sequences interleaved?  Yes
0    Terminal type (IBM PC, VT52, ANSI)?  ANSI
1      Print out the data at start of run  No
2  Print indications of progress of run  Yes
```

Durch die Wahl **r** kann man bestimmen, wieviele neue Alignments von SEQBOOT erzeugt werden sollen. Der Rest der Einstellungen ist schon auf die Analyse molekularer Daten abgestimmt.

Der von SEQBOOT erzeugte Datensatz wird an die Programme PROTDIST bzw. PROTPARS als *infile* übergeben. Die Programme berechnen dann mit allen Alignments je einen Baum und geben anschließend im *outfile* alle Bäume an, die sie berechnet haben. Aus diesen wird mit CONSENSE ein Konsensusbaum erzeugt, der die höchsten Bootstrap-Werte hat.

```
Majority-rule and strict consensus tree program
Settings for this run:
O                         Outgroup root?  No
R         Trees to be treated as Rooted?  No
0    Terminal type (IBM PC, VT52, ANSI)?  ANSI
1            Print out the sets of species  Yes
2  Print indications of progress of run  Yes
3                          Print out tree  Yes
4       Write out trees onto tree file?  Yes
```

Der Konsensusbaum ist der Baum, der am häufigsten bei der Analyse des multiplen Datensatzes entstanden ist. Im *outfile* steht, wie oft der Baum bzw. ein Ast des Baumes so berechnet wurde. Außerdem gibt das Programm an, welche Spezies ebenfalls zusammen in den Bäumen aufgetaucht sind mit einem entsprechenden Bootstrap-Wert.

```
Set (species in order)     How many times out of  10.00

..**.                      3.00
..***                      3.00
```

Die Sterne stehen für die Sequenzen, die zusammen aufgetreten sind. Im Beispiel oben sind die Sequenzen 3 und 4 mit einem Bootstrap-Wert von 3 zusammen aufgetaucht, die Sequenzen 3, 4 und 5 mit dem gleichen Wert. Im Konsensusbaum stehen allerdings

```
.*.**                      7.00
...**                      3.00
```

die Sequenzen 2, 4 und 5 mit einem Wert von 7 und der Ast, der die Sequenzen 4 und 5 verbindet, mit einem Wert von 3. Die Angabe der noch auftretenden Bäume unterliegt der 50%-Regel, d.h. es werden neben dem Konsensusbaum nur die Bäume angegeben, die in mindestens 50 % aller Bäume zu finden waren.

7.2.4 Maximum Likelihood Bäume

Den ersten Ansatz zur Berechnung von phylogenetischen Bäumen mit der Maximum Likelihood Methode hat Joe Felsenstein vorgeschlagen. Er hat ein Programm dazu entwickelt und es in das PHYLIP-Paket integriert: DNAML. Dieses Programm kann jedoch nur mit DNA-Sequenzdaten arbeiten. Jun Adachi and Masami Hasegawa (1992) haben DNAML zu PROTML modifiziert, so dass damit auch die Analyse von Protein-Sequenzdaten möglich ist.

Ziel dieser Methode ist es, den Baum zu finden, der am wahrscheinlichsten die Verwandschaft der untersuchten Sequenzdaten wiedergibt. Voraussetzung für diese Berechnungen ist eine Matrix, die die Übergangswahrscheinlichkeiten der Proteine beschreibt (20 x 20 Punkte für die Aminosäuren bzw. 64 x 64 Punkte für die Codons). Es gibt also 64 verschiedene Möglichkeiten, um eine Position in der Sequenz zu beschreiben, eine für jedes Codon, wobei es für fast jede Aminosäure mehr als ein mögliches Codon gibt, z. B. für Prolin 4 Möglichkeiten: CCT, CCC, CCA, CCG.

Um die Rechenzeit zu verkürzen, setzt man voraus, dass alle Mutationen **unabhängig** von ihrer Position in der Sequenz erfolgen. Daraus folgt, dass für jede Position im Alignment ein einzelner Baum berechnet werden kann.

Die Wahrscheinlichkeit L (*likelihood*) für einen phylogenetischen Baum ist die Wahrscheinlichkeit P (*probability*) dafür, dass sich die gegebenen Daten mit einem vorgegebenen Baum und einer gewählten Matrix so darstellen lassen.

$$L = P(data|tree) \tag{7.1}$$

Ziel ist es, unter allen möglichen Bäumen den wahrscheinlichsten zu finden, d. h. den Baum mit dem höchsten Wert für L. Um die Wahrscheinlichkeit für

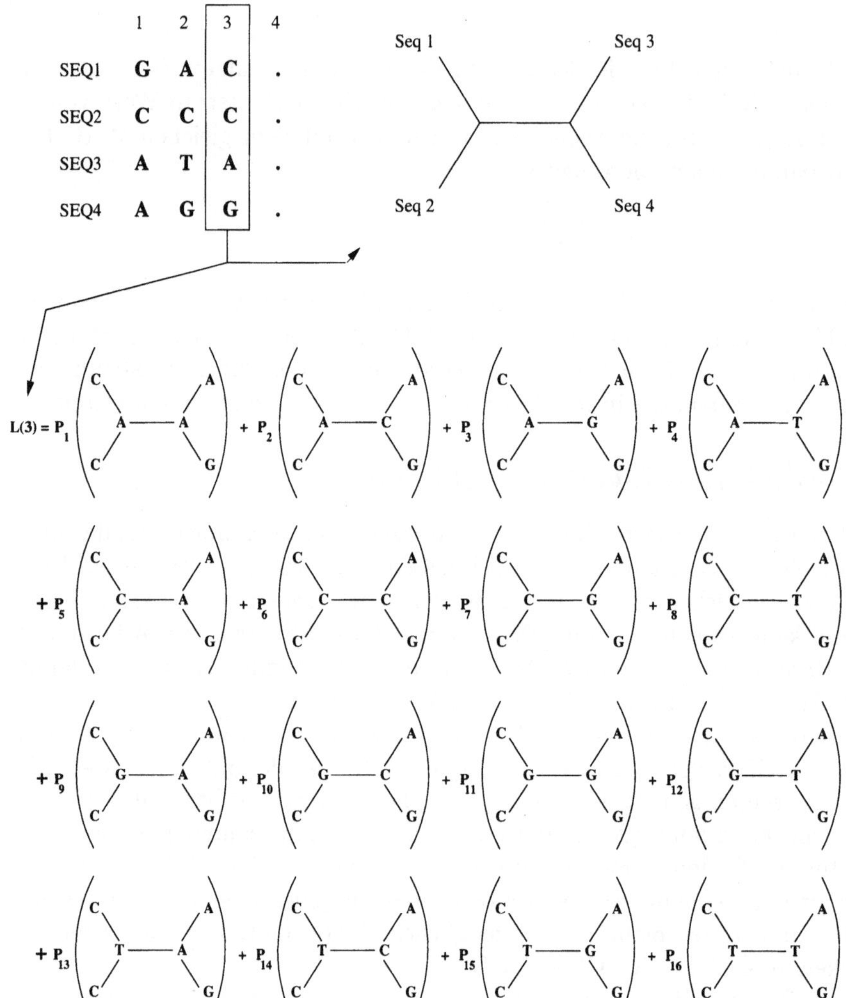

Abbildung 7.8: Berechnung der Einzelwahrscheinlichkeiten für eine Position im Alignment

einen Baum zu berechnen, beginnt man mit der Berechnung der Einzelwahrscheinlichkeiten für jede einzelne Position im Alignment (siehe Abbildung 7.8). Die Wahrscheinlichkeit L für den endgültigen Baum ist das **Produkt der Einzelwahrscheinlichkeiten** :

$$L = L_{(1)} \cdot L_{(2)} \cdot L_{(3)} \cdot ... \cdot L_{(n)} = \prod_{i=1}^{n} L_{(i)} \qquad (7.2)$$

Für das Beispiel in Abbildung 7.8 ergeben sich für die **Berechnung der Einzelwahrscheinlichkeit** $L_{(3)}$ an der dritten Position im Alignment 16 Wahrscheinlichkeiten P für 16 mögliche Bäume. Es gilt:

$$L_{(3)} = P_{(1)} + P_{(2)} + P_{(3)} + ... + P_{(16)} = \sum_{i=1}^{16} P_{(i)} \qquad (7.3)$$

Die Wahrscheinlichkeit für den endgültigen Maximum Likelihood Baum wird in der Regel nicht als das Produkt der Einzelwahrscheinlichkeiten angegeben, stattdessen wird der Logarithmus davon gebildet. Dadurch wird das Produkt der Einzelwahrscheinlichkeiten zur Summe der Einzelwahrscheinlichkeiten:

$$lnL = lnL_{(1)} + lnL_{(2)} + lnL_{(3)} + ... + lnL_{(n)} = \sum_{i=1}^{n} lnL_{(i)} \qquad (7.4)$$

Der Baum mit dem höchsten *log likelihood* (lnL) ist der Maximum Likelihood Baum.

Berechnung von Maximum Likelihood Bäumen mit MOLPHY

MOLPHY ist aus einer Weiterentwicklung von DNAML aus dem PHYLIP-Paket entstanden. Es wurde von Jun Adachi und Masami Hasegawa (1992) an der Graduate University for Advanced Study in Tokyo entwickelt und ist frei im Quellcode erhältlich. Inzwischen existiert es auch als Online-Tool im Web.

Das MOLPHY-Paket besteht aus 5 Hauptprogrammen, die in C geschrieben sind und zur Berechnung phylogenetischer Bäume eingesetzt werden. Zusätzlich gibt es noch jede Menge kleine Programme, um Sequenzformate umzuwandeln und Sequenzen zu modifizieren:

Das Programm PROTML ist sehr komplex und stellt viele verschiedene Möglichkeiten zur Verfügung, um die Topologie eines phylogenetischen Baumes nach der Maximum Likelihood Methode zu bestimmen. Hier zunächst eine Übersicht über die Optionen von PROTML.

```
ProtML 2.2   Maximum Likelihood Inference of
             Protein Phylogeny
Usage:
protml [switches] sequence_file [topology_file]

sequence_file = MOLPHY_format | Sequential(-S)
                Interleaved(-I)
topology_file = users_trees(-u) | constrained_tree(-e)

Model:
-j  JTT (default) -jf  JTT-F  (Jones, Taylor & Thornton 1992)
-d  Dayhoff        -df  Dayhoff-F  (Dayhoff et al. 1978)
-p  Poisson        -pf  Proportional (Felsenstein 1981)
-r  users RTF      -rf  users RTF-F (Relative Transition Frequencies)
-f  with data Frequencies


Search strategy or Mode:
-u  Users trees (need users_trees file)
-e  Exhaustive search (with/without constrained_tree file)
-R  Local rearrangements search (need starting tree file)
-s  Star decomposition search (may not be the ML tree)
-q  Quick add OTUs search (may not be the ML tree)
-D  maximum likelihood Distance matrix --> NJDIST


Others:
-n num  retained top ranking trees win Approx.likelihood
-b  no Bootstrap probabilities (Users trees)
-S  Sequential format
-I  Interleaved format(Phylip-Format)
```

Die folgende Anweisung ist nur **eine** Möglichkeit, um ML-Bäume mit PROTML
zu berechnen. Sie ist für die Unix-Version von MOLPHY gedacht und enthält die
Befehle, die über die Kommandozeile eingegeben werden müssen. Die Befehle bestehen jeweils aus dem Programmnamen, der Eingabedatei, besonderen
Optionen und der Ausgabedatei. Es soll einzig die Vorgehensweise bei der Berechnung von Maximum Likelihood Bäumen verdeutlichen.

1. Erstellen einer Distanzmatrix

protml   -fDI   infile   >   infile.dis

Optionen   Alignment   Ausgabedatei

Mit diesem Befehl wird eine Distanzmatrix für das Alignment erzeugt.
Wie bei dem PHYLIP-Paket arbeitet auch PROTML mit einem *infile* als
Eingabedatei. Die Eingabedatei enthält die Sequenzen in einem multiplen
Alignment im *interleaved* Format, daher wählt man die Option -I. Da
man eine Distanzmatrix erzeugen will, muss man die Option -D angeben. Voreingestellt ist immer die JTT-Matrix Jones et al. (1992), andere
muss man als Option anwählen, z. B. -d für die Dayhoff-Matrix. Die letzte Option -f steht für ein bestimmtes Ausgabeformat der Daten in der

Distanzmatrix.

Hat man diesen Befehl ausgeführt, so wird aufgrund des > die Datei *infile.dis* erzeugt. Sie enthält die Distanzmatrix für das gegebene Alignment und könnte folgendermaßen aussehen:

```
5 804 sites JTT-F
ecoli
 0.000000000000 1.094671960836 1.411694353526 1.250625207923 2.594459921301
synechocys
 1.094671960836 0.000000000000 1.403273088244 1.551382847457 3.077057070669
thermoprot
 1.411694353526 1.403273088244 0.000000000000 1.603189650091 2.833564433869
drosophila
 1.250625207923 1.551382847457 1.603189650091 0.000000000000 3.526860918029
propioniba
 2.594459921301 3.077057070669 2.833564433869 3.526860918029 0.000000000000
```

Zu Beginn steht eine 5 für die Anzahl der OTUs, danach folgt die Anzahl der Positionen im Alignment, hier 804. JTT-F steht für die verwendete Matrix.

2. **Berechnung des Neighbor-Joining-Baumes**
   Mit dem folgenden Befehl wird aus der Distanzmatrix *infile.dis* mit der Neighbor-Joining-Methode ein Baum erstellt, dessen Topologie in die Datei *infile.nj* geschrieben wird.

```
njdist   -t    infile   infile.dis  > infile.nj
        Optionen  Alignment  Distanzmatrix   Ausgabedatei
```

Die *infile.nj* Datei sieht so aus:

```
infile.nj

njdist 1.2.5  5 OTUs 804 sites JTT-F

        :---1 ecoli
     :--7
     :   :-------4 drosophila
   :---6
   :    :-----2 synechocys
   :
   :-----3 thermoprot
   :
   :----------------5 propioniba
```

Gleichzeitig wird eine Datei erzeugt, die diesen Baum im Newick-Format enthält: *infile.tpl*. Die Endung *.tpl* steht für Topology.

```
infile.tpl
1 njdist 1.2.5  5 OTUs 804 sites JTT-F
(((ecoli,drosophila),synechocys),thermoprot,propioniba);
```

3. Suche nach dem Maximum Likelihood Baum

Als letztes wird die eigentliche Maximum Likelihood-Berechnung durchgeführt. Dazu benötigt PROTML die Sequenzdaten (*infile*). Als Optionen werden -f für das Ausgabeformat der Daten gewählt, -I für das *interleaved* Format der Daten und -R für die Umsortierungen (*rearrangements*), die durchgeführt werden sollen, um den wahrscheinlichsten Baum zu finden.

```
protml   -fRI   infile   infile.tpl   >  infile.ml

       Optionen   Alignment   Topologiedatei   Ausgabedatei
```

Die Ausgabe des Baumes im Newick-Format inklusive aller Astlängen, z. B. für DRAWTREE, steht in der Datei *protml.tre*:

```
(ecoli:37.128,((synechocys:59.906,thermoprot:81.742):13.288,drosophila:81.647)
:10.522,propioniba:246.295)
```

Die Datei *infile.ml* enthält die einzelnen Schritte für die Bestimmung des wahrscheinlichsten Baumes: PROTML hat zunächst den *lnL* für den vorgegebenen Baum aus der Datei *infile.nj* berechnet:

```
protml 2.3b3 JTT-F 5 OTUs 804 sites.
#1
       :----1 ecoli
   ***6  46    54 1&2
   :  :-------4 drosophila
***7  42    58 3&2
:  :-----2 synechocys
:

:-------3 thermoprot
:

:-------------------5 propioniba
```

Die Zahlen an den Ästen sind die LBPs (*local bootstrap probabilities*; siehe Kapitel 7.2.3). In diesem Fall erhält der Ast Nr. 6 mit *E. coli* und *Drosophila* einen LBP von 46 und Ast Nr. 7 mit *Synechocystis* auf der einen Seite und *E. coli* und *Drosophila* auf der anderen Seite einen LBP von 42. Für beide werden aber Verbesserungsvorschläge gemacht. Würde man an den Ast 6 nämlich statt *E. coli* (1) und *Drosophila* (4) *E. coli* (1) und *Synechocystis* (2) setzen, so würde sich der LBP auf 54 erhöhen. Am Ast 7 würde das Clustern von *Synecocystis* (2) mit *Thermoproteus* (3) ebenfalls zu einer Verbesserung des LBPs von 42 auf 58 führen.

In der nächsten Runde werden durch die Umsortierungen die OTUs 2 und 4 vertauscht. Der *lnL* beträgt -5629.853 und wurde durch diesen Austausch um 0,4245 erhöht.

```
    6    2<->4    ln L:    -5629.853 +      0.4244938696
1
         :----1 ecoli
    :---6 54
    :      :-----2 synechocys
 ***7 43 57 3&4
    :      :------4 drosophila
    :
 :-------3 thermoprot
    :
 :-----------------5 propioniba
```

Die Umsortierungen werden solange durchgeführt, bis der Baum mit der größten Wahrscheinlichkeit gefunden ist:

```
(ecoli,((synechocys,thermoprot),drosophila),propioniba);

:---1 ecoli
:
:          :-----2 synechocys
:    :---7 52
:    :    :-------3 thermoprot
:--6 56
:    :-------4 drosophila
:
:-----------------5 propioniba
```

```
No.1          ext. branch S.E.  int. branch S.E.    LBP     2nd     pair
ecoli          1  37.13  6.23    6  10.52  5.82   0.561   0.285    7&1
synechocys     2  59.91  7.01    7  13.29  5.21   0.521   0.472    3&4
thermoprot     3  81.74  8.46   TBL :     530.53  iter: 1
drosophila     4  81.65  8.36   ln L:   -5628.75 +- 139.21
propioniba     5 246.30 23.74
```

Am Ende der Datei *infile.ml* ist der endgültige Baum abgebildet. Darunter findet sich eine Tabelle, in der die Astlängen (branch length) der externen (ext.) und der internen (int.) Äste angegeben werden. Die Angabe für den externen Ast 1 von 37,13 bedeutet, dass hier 37,17 Substitutionen in 100 Sequenzpositionen auftreten. Das S.E. steht für die Standardabweichung (engl. *standard error*). Die Abkürzung TBL bedeutet *total branch length,* also die Summe aller Astlängen. Der log Likelihood für diesen Baum beträgt $lnL = -5628,75$. Durch die Umsortierungen konnte der Wert um 1,1 verbessert werden.

Erzeugen zufälliger Topologien

Will man nicht von dem NJ-Baum ausgehen, um einen Maximum Likelihood Baum zu berechnen, so hat man die Möglichkeit, einen eigenen Baum vorzugeben oder aber sich eine beliebige Anzahl von zufälligen Bäumen von PROTML erzeugen zu lassen.

1. **Erzeugen von n Topologien**

```
protml   -qI -n 10  infile    > mytpl.tpl
```

        Optionen   Alignment   Ausgabedatei

In diesem Befehl steht die Option `-q` für das zufällige Erzeugen von `-n` (hier 10) möglichen Bäumen mit den vorhandenen Daten im *infile*.

In der Ausgabedatei *mytpl.tpl* stehen die möglichen Bäume:

```
3 / 10  JTT model  approx ln L -5666.7 ... -5669.3  diff 2.6
(((ecoli,drosophila),synechocys),thermoprot,propioniba);
(ecoli,(synechocys,(thermoprot,drosophila)),propioniba);
((ecoli,drosophila),(synechocys,thermoprot),propioniba);
```

In diesem Fall sind nur 3 Bäume gefunden worden.

2. **Berechnung des Maximum Likelihood Baumes**
   Mit der Topology *mytpl.tpl* wird dann die ML-Berechnung durchgeführt.

```
protml   -fRI   infile   mytpl.tpl  > infile.ml
```

     Optionen Alignment Topologiedatei   Ausgabedatei

Die Ausgabedatei *infile.ml* enthält die Astlängen, TBPs usw. für alle drei Bäume. Am Ende der Datei findet sich eine Tabelle, die die Ergebnisse aller Bäume zusammenfasst und den besten Baum auswählt:

```
protml 2.3b3 JTT-F 3 trees 5 OTUs 804 sites.

Tree    ln L  Diff ln L  S.E. #Para   TBL  RELL-BP
-------------------------------------------------
1     -5628.8     0.0    0.0    26    0.9  0.3965
2     -5628.8     0.0    0.0    26    ME   0.1079
3     -5628.8     0.0 <-best    26    0.9  0.4956
```

Bei all diesen Berechnungen werden für das Bootstrapping (siehe Kapitel 7.2.3) 10000 Replikationen durchgeführt, die sogenannten RELL-BPs (Hasegawa and Kishino, 1994). Wenn möglich wird hier auch der Unterschied in den *lnL* angegeben. Das ME steht für *minimum evolution* und kennzeichnet den Baum mit der geringsten Kantenlänge.

Zusammenfassung

➤ Phylogenetische Bäume lassen sich in Distanzbäume, Parsimonybäume und Maximum Likelihood Bäume unterteilen.

➤ Für Distanzbäume wird aus dem multiplen Alignment eine Distanzmatrix berechnet. Mit der Matrix wird nach UPGMA oder Neighbor-Joining ein Baum erstellt.

➤ Parsimony-Bäume unterliegen dem Prinzip der Sparsamkeit. Das Ergebnis ist der kürzeste mögliche Baum.

➤ Maximum Likelihood berücksichtigt bei der Baumberechnung alle theoretisch möglichen Bäume und berechnet für jeden die Wahrscheinlichkeit, um den Baum mit der größten Wahrscheinlichkeit, dem Maximum Likelihood, zu finden.

➤ Das Bootstrapping ermittelt die statistische Signifikanz für den berechneten Baum, indem es den Datensatz beliebig oft durcheinanderwürfelt. Wird trotz des Mischens (fast) immer der gleiche Baum mit den Daten berechnet, so gilt dieser als statistisch signifikant.

Beispielprogramme und Webadressen

- Das PHYLIP-Paket findet man bei Joe Felsenstein:
  http://evolution.genetics.washington.edu/phylip.html
  und als Online-Tool am Institut Pasteur in Frankreich:
  http://bioweb.pasteur.fr/seqanal/interfaces/protdist.html
  http://bioweb.pasteur.fr/seqanal/interfaces/protpars.html
  http://bioweb.pasteur.fr/seqanal/interfaces/seqboot.html
  http://bioweb.pasteur.fr/seqanal/interfaces/drawtree.html

- Das MOLPHY-Paket von Adachi und Hasegawa steht als Quellcode
  für 2 Betriebssysteme zur Verfügung:
  Unix: `ftp://ftp.ism.ac.jp/pub/ISMLIB/MOLPHY/`
  Windows: http://dogwood.botany.uga.edu/malmberg/software.html
  und am Pasteur Institut als Online-Tool:
  http://bioweb.pasteur.fr/seqanal/interfaces/molphy.html

- Eine umfangreiche Liste von Phylogenieprogrammen:
  http://evolution.genetics.washington.edu/phylip/software.html

8

Abgeleitete Datenbanken

Abgeleitete biologische Datenbanken filtern und interpretieren die Informationen der primären Datenbanken nach bestimmten Kriterien. Der Trend geht dahin, abgeleitete Datenbanken immer mehr miteinander zu verknüpfen, um die Datenbankabfrage für den Anwender einfacher und vollständiger zu gestalten.

Abgeleitete Datenbanken gibt es zu allen möglichen Fragestellungen in der Biologie. Die Datenbanken sind meistens nach Stichworten oder Kategorien recherchierbar. Viele bieten auch die Suche in den Datenbanken mit der eigenen Suchsequenz an. Ein Beispiel dafür ist BLOCKS (siehe Kapitel 6.2.1). Die eigenen Daten werden dort in das BLOCKS-Format umgewandelt, und mit diesem Block wird die Datenbank nach ähnlichen Blöcken durchsucht.

Die hier aufgeführte Liste von Datenbanken ist keineswegs vollständig und soll einen Eindruck über die Vielfältigkeit der abgeleiteten Datenbanken vermitteln.

8.1 Motiv-Datenbanken

Die wohl am häufigsten angewandte Methode, um unbekannte Proteine zu identifizieren, ist eine Datenbanksuche mit BLAST. Ein signifikanter Treffer in der BLAST-Suche setzt aber immer einen gewissen Grad an Konservierung in den Sequenzen voraus. Beschränkt sich jedoch die Konservierung auf wenige Aminosäuren, sind andere Methoden notwendig, die Motive in Sequenzen suchen.

Motive werden in qualitative und quantitative Motive unterteilt. Ein **qualitatives Motiv** ist z.B. ein **Muster** in einer Sequenz, das charakteristisch für bestimmte Proteinfamilien oder Domänen ist. Ein Muster setzt eine starke Konservierung dieser Aminosäuren an genau diesen Positionen voraus. Es kann durch einen regulären Ausdruck beschrieben werden (siehe Kapitel 5.2.8 und 6.2.1), der wie eine Maske auf dieses Motiv passt. In vielen Mustern werden die Aminosäuren konservativ substituiert und können auch nicht mehr von dem regulären Ausdruck gefunden werden. Derartige Motive lassen sich mit **quantitativen Motiven** beschreiben. Motive dieser Art werden als **Profil** bezeichnet und sind nichts anderes als eine Matrix mit den Wahrscheinlichkeiten für die Aminosäuren an bestimmten Positionen in der Sequenz (siehe Kapitel 5.2.7). Die Matrix kann auf viele verschiedene Arten bestimmt werden.

8.1.1 PROSITE - Muster von Proteinen

Die PROSITE-Datenbank (Hulo et al., 2004), 1988 entstanden, enthielt ursprünglich nur qualitative Motive von Proteinen (siehe Abbildung 8.1). Erst 1994 kamen quantitative Motive hinzu, so dass heute über 1700 unterschiedliche Muster und Profile abrufbar sind (Release 18.25 enthält 1257 Einträge mit 1706 verschiedenen Mustern und Profilen). Mit ihrer Hilfe können bislang unbekannte Proteine bekannten Familien zugeordnet werden, sofern sie ein bereits identifiziertes Muster oder Profil aus der Datenbank enthalten. Die Profile von PROSITE werden nach Gribskov (1987) berechnet und im Kapitel 5.2.7 erklärt.

In PROSITE kann man über eine Stichwortsuche bestimmte Muster suchen oder aber mit SCANPROSITE (Gattiker et al., 2002) zu der jeweiligen Suchsequenz in der PROSITE-Datenbank nach Mustern suchen. Wenn man in den Profilen suchen will, sollte man PROFILESCAN (Gribskov et al., 1988) verwenden. Man kann jedoch auch aus den eigenen Sequenzen ein Muster erstellen, z.B. mit PRATT (Jonassen et al., 1995; Jonassen, 1997), und dann nach diesem Muster mit SCANPROSITE in PROSITE suchen.

Pep 1	R V T I G H A Q R G
Pep 2	R K N N G H M Q Q G
Pep 3	R T C P G H V Q R G
Pep 4	R A V T G H T Q R G
Consensus	R X X X G H X Q R G
Muster	$R-(X)_3-G-H-X-Q-[QR]-G$

Abbildung 8.1: Ein Beispiel für ein PROSITE-Muster: Aus den vier Sequenzen (Pep1-4) wurde ein multiples Alignment erstellt. Vergleicht man die Konsensussequenz mit den Mustern, so sieht man, dass das Muster wesentlich mehr Informationen enthält. In der Konsensussequenz beispielsweise steht an vorletzter Position ein R, weil es häufiger als das Q vorkommt. Die Information, dass an dieser Position auch ein Q stehen kann, geht verloren. In dem Muster hingegen sind beide Aminosäuren (Q und R) aufgeführt.

8.1.2   PRINTS - Fingerabdrücke von Proteinen

Die PRINTS-Datenbank (Attwood et al., 2003) enthält Fingerabdrücke von 1800
Proteinen mit mehr als 10900 einzelnen Motiven (Release 36.0). Die Fingerabdrücke (engl. *fingerprint*) in PRINTS kann man sich als ein lokales Alignment
ohne Gaps vorstellen. Sie werden in zwei Kategorien unterteilt: Einfache Fingerabdrücke bestehen aus einem einzelnen Motiv, komplexe Fingerabdrücke bestehen aus mehreren Motiven. Die Datenbank besteht zum größten Teil aus
den komplexeren Fingerabdrücken, da diese Art aussagekräftiger ist, wenn man
unbekannte Proteine einem Fingerabdruck zuordnen will. Die Datenbank ist entweder mit einem Fingerabdruck recherchierbar (FINGERPRINTScan, (Scordis
et al., 1999)) oder mit einer Suchsequenz (BLAST).

Im Folgenden ist ein Beispiel eines komplexen Fingerabdrucks zu sehen (ent-
nommen aus dem PRINTS-Usermanual). Es handelt sich hierbei um einen komplexen Fingerabdruck, der aus vier Motiven besteht (es sind nur Motiv 1 und
Motiv 4 dargestellt), die in sieben Sequenzen auftauchen. In der ersten Spalte steht das Motiv, dann folgt unter PCODE der Code für das dazugehörige
Protein. In der Spalte ST steht die Position, an der das Motiv in der Sequenz
auftaucht und unter INT die Anzahl der Aminosäuren bis zum nächsten Motiv.

```
INITIAL MOTIF SETS

    KRINGLE1              Length of motif = 16   Motif number = 1
    Kringle domain motif I - 1
                                     PCODE        ST     INT
    CYEDQGISYRGTWSTA                 UKHUT        127    127
    CYEDQGISYRGTWSTA                 HUMPAR       127    127
    CYEDQGISYRGTWSTA                 HUMTPAR       81     81
    CYHGDGQSYRGTSSTT                 PLMN$HUMAN   377    377
    CYHGDGQSYRGTSSTT                 PLMN$MACMU   377    377
    CYEGNGHFYRGKASTD                 EZEC572       50     50
    CYDGRGLSYRGLARTT                 !F12HA       198    198
       .
       .
       .

    KRINGLE4             Length of motif = 12   Motif number = 4
    Kringle domain motif IV - 1
                                     PCODE        ST     INT
    KYSSEFCSTPAC                     UKHUT        197     4
    KY33EFC3TPAC                     HUMPAR       107     1
    KYSSEFCSTPAC                     HUMTPAR      151     4
    SVRWEYCNLKKC                     PLMN$HUMAN   443     3
    SVRWEYCNLKKC                     PLMN$MACMU   443     3
    KPLVQECMVHDC                     EZEC572      120     4
    RLSWEYCDLAQC                     !F12HA       265     4
```

8.1.3   CDD - PSSMs von Proteinen

Die CDD, *conserved domain database*, am NCBI besteht aus Proteindomänen,
die durch die Berechnung von PSSMs (positionsspezifische Matrizen, siehe Kapitel 5.2.7) entstehen (Marchler-Bauer et al., 2003). Das NCBI verwendet für

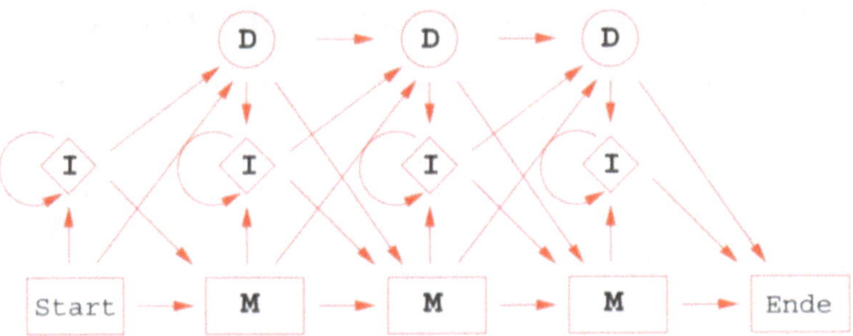

Abbildung 8.2: Das Hidden Markov Modell für mögliche Zustände in einem multiplen Alignment. M: Match, I: Insertion, D: Deletion

die Erstellung der PSSMs zum einen die multiplen Alignments aus den externen Datenbanken PFAM (siehe Abschnitt 8.1.4) und SMART (Letunic et al., 2002). Zum anderen werden manuell am NCBI multiple Alignments erstellt. Aus den multiplen Alignments wird eine Konsensussequenz berechnet. Für die anschließende Berechnung der PSSMs werden nur die Bereiche des multiplen Alignments miteinbezogen, in denen die Aminosäuren in der Konsensussequenz mindestens in 50% aller Sequenzen im Alignment auftauchen. Mit Hilfe von ENTREZ kann man eine Textsuche in CDD machen; ähnliche CDDS zu der eigenen Suchsequenz findet man mit RPS-BLAST (siehe Abschnitt 5.2.7).

8.1.4   PFAM - HMMs von Proteinen

Durch die Abbildung einer Konsensussequenz in einer positionsspezifischen Matrix (PSSM, siehe Kapitel 5.2.7) erhält man für jede Position in der Sequenz die Wahrscheinlichkeit, mit der dort jede mögliche Aminosäure vertreten ist. Ein Hidden Markov Modell (HMM) eines multiplen Alignments beschreibt dagegen die Wahrscheinlichkeiten für alle **Übergangszustände** an jeder Position in der Sequenz. In der Abbildung 8.2 ist skizziert, wie man sich ein HMM vorstellen kann. Ausgehend von Start (entspricht dem Anfang des multiplen Alignments) kann entweder ein Match kommen, eine (mehrfache) Insertion oder eine (mehrfache) Deletion. Um so ein HMM etwas anschaulicher zu machen, ist in der Abbildung 8.3 anhand eines einfachen Beispiels skizziert, welche Zustände gemeint sind. Die Tabellen sind unvollständig, weil an jeder Position die Wahrscheinlichkeit für jede Aminosäure berechnet werden muss. Anstelle der hier genannten fünf Aminosäuren A, D, M, S und L müssten alle 20 auftauchen. Weitergehende Informationen zu Hidden Markov Modellen finden sich in dem Buch von Richard Durbin(1998).

Die Motiv-Datenbank PFAM besteht aus über 3300 multiplen Alignments von Proteindomänen mit den dazugehörigen Hidden Markov Modellen (Release 7.0, Bateman et al. (2004)). Um sie zu berechnen, wird zunächst ein multiples Alignment erstellt und dann mit Hilfe von HMMER (sprich: Hammer) das dazugehörige HMM. Die statistische Signifikanz des HMMs wird durch einen E-Wert angegeben, der in etwa vergleichbar ist mit dem E-Wert einer BLAST-Suche.

```
Multiples Alignment    1  2  3     4
              Seq 1  M  A  S  -  D
              Seq 2  M  A  -  -  D
              Seq 3  M  -  S  L  D
              Seq 4  M  A  S  -  D


Match          0  1  2  3  4          Insertion       0  1  2  3  4
       M       -  4  -  -  -                  M        -  -  -  -  -
       A       -  -  3  -  -                  A        -  -  -  -  -
       S       -  -  -  3  -                  S        -  -  -  -  -
       L       -  -  -  -  -                  L        -  -  -  1  -
       D       -  -  -  -  4                  D        -  -  -  -  -


                           Übergangszustände

      0  1  2  3  4              0  1  2  3  4              0  1  2  3  4
M  M/M 4  3  3  2  4     D  D/D  -  -  -  1  -     I  I/I  -  -  -  -  -
   M/D -  1  1  2  -        D/M  -  -  1  -  -        I/M  -  -  -  1  -
   M/I -  -  -  1  -        D/I  -  -  -  -  -        I/D  -  -  -  -  -
```

Abbildung 8.3: Stark vereinfachte Darstellung der Zustände in einem multiplen Alignment, für die ein HMM die Wahrscheinlichkeiten berechnet. M: Match, I: Insertion, D: Deletion

PFAM wird unterteilt in PFAM-A und PFAM-B. Die HMMs in PFAM-A werden aus manuell erstellten multiplen Alignments berechnet. In PFAM-B hingegen befinden sich HMMs, die aus automatisch erstellten multiplen Alignments aus der PRODOM-Datenbank stammen (Servant et al., 2002). In der PRODOM-Datenbank befinden sich automatisch erstellte Kluster aller Swiss-Prot und TrEMBL-Einträge (siehe Kapitel 2.4), die mit Hilfe von PSI-BLAST (siehe Kapitel 5.2.7) berechnet wurden. In einem solchem Kluster-Eintrag in PRODOM befindet sich unter anderem das multiples Alignment der Proteine sowie eine phylogenetische Darstelllung, um den evolutionären Abstand zwischen den Sequenzen zu zeigen.

8.1.5 InterPro - eine Metadatenbank

Die InterPro-Datenbank ist unter anderem aus den oben genannten Motiv-Datenbanken entstanden und erleichtert erheblich die Suche nach Motiven, da diese Datenbank alle Einträge aus den verfügbaren Motiv-Datenbanken verknüpft (Mulder et al., 2003). Nach einer einfachen, textbasierten Suche oder mit einer Suchsequenz werden die Ergebnisse aus der Datenbank in einer kommentierten Tabelle mit Querverweisen zu den Motiv- und primären Datenbanken zusammengefaßt und auf Wunsch graphisch dargestellt. Suchanfragen in

Datenbanken dieser Art nennt man Meta-Suche.

Die InterPro-Release 7.2 enthält 10709 Einträge mit Links zu folgenden Datenbanken:

- PRINTS

- Swiss-Prot (siehe Kapitel 2.4)

- TrEMBL (siehe Kapitel 2.4)

- PFAM

- PROSITE

- PRODOM

- SMART (Letunic et al., 2002)

- TIGRFAMS (Haft et al., 2003)

- PIR (siehe Kapitel 2.4)

- SUPERFAMILY[1] (Gough et al., 2001)

Um in InterPro nach Einträgen zu suchen, die mit der eigenen Proteinsequenz verwandt sind, bietet die Meta-Datenbank InterProScan an (Zdobnov and Apweiler, 2001). Als Input gibt man dem Tool die jeweilige Suchsequenz. Anschließend werden folgende Programme gestartet, um die Datenbanken zu durchsuchen:

- SCANREGEXP sucht nach regulären Ausdrücken aus PROSITE

- PFSCAN sucht nach PROSITE-Profilen

- FINGERPRINTSCAN sucht nach Fingerabdrücken in PRINTS

- HMMPFAM sucht nach HMMs in PFAM, TIGRFAMS und SMART

- BLASTPRODOM sucht in der PRODOM-Datenbank

8.2 Datenbanken für Stoffwechselwege

Zur vergleichenden Analyse von Sequenzen gehört die vergleichende Analyse der Funktionen. Aus diesem Grunde gibt es eine Reihe von Datenbanken, die miteinander verknüpft sind und den Vergleich der Funktionen und der Sequenzen möglich machen. Die einfachste Datenbank zur Darstellung der Stoffwechselwege ist das *Biochemical Pathways* Poster von Boehringer Mannheim. Über eine Stichwortsuche landet man direkt im Poster in dem gesuchten Stoffwechselweg. Die Enzyme dort sind direkt mit der Datenbank ENZYME verbunden.

---

[1] SMART, TIGRFAMS und SUPERFAMILY sind weitere Motiv-Datenbanken

8.2.1 ENZYME - Nomenklatur-Datenbank

Die ENZYME-Datenbank enthält zu etwa 4200 Enzymen den offiziellen Namen des Enzyms, die katalysierte Reaktion und die E.C.-Nummer (*Enzyme Commission*). Daran schließen sich Querverweise zu Sequenzeinträgen in Swiss-Prot, in Motiv-Datenbanken und in weiteren Datenbanken für Stoffwechselwege an (Bairoch, 2000).

8.2.2 BRENDA

BRENDA ist eine Art Literatur-Datenbank für Enzyme. Die Einträge stammen aus den Originalpublikationen und werden per Hand eingetragen. Alles Wissenswerte über die katalysierte Reaktion, die Enzymstruktur, spezielle Aufreinigungen, Stabilität, Kofaktoren und Inhibitoren wird hier gesammelt und mit einem Verweis auf die jeweilige Literatur angeboten (Schomburg et al., 2004).

8.2.3 KEGG

KEGG (Kyoto Encyclopedia of Genes and Genomes) ist eine sehr umfangreiche Datenbank. Sie liefert eine graphische Präsentation aller zellulären Prozesse wie Membrantransport, Stoffwechsel, Signaltransduktionswege usw. Für jeden Eintrag gibt es einen Standardstoffwechselweg und spezielle Stoffwechselwege für jede der über 30 Spezies, die direkt mit den Sequenzeinträgen verbunden sind. So kann man auf einen Blick sehen, wo der Unterschied in einem bestimmten Stoffwechselweg zwischen zwei Spezies liegt (Kanehisa, 1997; Kanehisa and Goto, 2000). Die direkte Verknüpfung mit LIGAND liefert Informationen zu den Substraten und Kofaktoren (Goto et al., 2002).

8.3 Vorhersage-Datenbanken

Vorhersage-Datenbanken (*prediction database*) werden nicht als Datenbank verwendet, sondern die Datenbank selbst verwendet ihren Datensatz, um dessen Eigenschaften auch in der Suchsequenz zu finden.

8.3.1 CBS - Center for Biological Sequence Analysis

Das CBS (*Center for Biological Sequence Analysis*) in Dänemark stellt zur Analyse von Nukleotiden und Proteinen eine ganze Reihe von Online-Tools zur Verfügung. Dazu gehört z. B. die Suche nach dem Transkriptionsstart eines Gens oder den Glykolisierungsstellen eines Proteins. Mehrere Programme befassen sich mit der Lokalisierung eines Proteins in der Zelle oder dem Erkennen der Spaltstelle für Transitpeptide.

8.3.2 PREDICTPROTEIN

PREDICTPROTEIN führt eine sogenannte Metasuche mit der eingegebenen Suchsequenz durch. Es werden gleichzeitig mehrere Programme abgefragt zur Vorhersage von Transmembrandomänen, Signalpeptiden, Sekundärstruktur, Motiven usw. (Rost, 1996).

Zusammenfassung

➤ Abgeleitete Datenbanken sind für den Anwender eine wichtige Informationsquelle für spezielle Fragestellungen.

➤ Motiv-Datenbanken bestehen aus qualitativen Motiven (z.B. Mustern) und quantitativen Motiven (z.B. PSSM und HMM).

➤ Stoffwechseldatenbanken liefern zum einen Informationen zu Enzymreaktionen, Liganden und Kofaktoren und zum anderen einen Vergleich von Enzymreaktionen in verschiedenen Organismen.

➤ Meta-Datenbanken wie InterPro und PREDICTPROTEIN erleichtern die Datenbanksuche, da sie parallel in mehreren anderen Datenbanken suchen.

Beispielprogramme und Webadressen

- Die Motiv-Datenbanken findet man hier:

    - PROSITE http://www.expasy.ch/prosite/
    - SCANPROSITE http://au.expasy.org/tools/scanprosite/
    - PROFILESCAN http://hits.isb-sib.ch/cgi-bin/PFSCAN

    - Quellcode von PRATT http://www.ii.uib.no/ inge/Pratt.html
    - PRATT als Online-Tool am EBI: http://www.ebi.ac.uk/pratt/

    - PRINTS http://www.bioinf.man.ac.uk/dbbrowser/PRINTS/
    - FINGERPRINTSCAN als Online-Tool
      http://www.ebi.ac.uk/printsscan/

- Die Motiv-Datenbanken (Fortsetzung):

    - PFAM http://pfam.wustl.edu/
    - HMMER http://hmmer.wustl.edu/
    - CDD
      http://www.ncbi.nlm.nih.gov/Structure/cdd/cdd.shtml
    - PRODOM
      http://protein.toulouse.inra.fr/prodom/current/html/home.php
    - InterPro http://www.ebi.ac.uk/interpro/
    - InterProScan http://www.ebi.ac.uk/InterProScan/
    - Das InterPro-Tutorial am EBI erklärt den Aufbau von InterPro und wie InterProScan arbeitet:
      http://www.ebi.ac.uk/2can/tutorials/function/index.html

- Die Datenbanken zu den Stoffwechselwegen:

    - Boehringer Mannheim Biochemical Pathways
      http://www.expasy.ch/cgi-bin/search-biochem-index

    - ENZYME http://www.expasy.ch/enzyme/

    - BRENDA http://www.brenda.uni-koeln.de/

    - KEGG http://www.genome.ad.jp/kegg/

    - LIGAND http://www.genome.ad.jp/ligand/

- Die beiden Vorhersage-Datenbanken:

    - CBS http://www.cbs.dtu.dk/services/

    - PREDICTPROTEIN
      http://maple.bioc.columbia.edu/predictprotein/

9

Primerdesign

Ob nun für die Sequenzierung oder aber für die Amplifizierung
bestimmter Bereiche einer DNA-Sequenz   mit dem richtigen
Entwerfen der Oligonukleotid-Primer steht und fällt das Ergebnis. Man unterscheidet bei dem Primer-Design zwischen exakten
Primern und degenerierten Primern. Für die Sequenzierung oder
Amplifizierung von DNA, deren Anfangsbereich schon bekannt
ist, verwendet man exakte Primer, die mit der zu amplifiezie-
renden Sequenz komplett identisch sind. Degenerierte Primer
werden dann eingesetzt, wenn man die zu amplifizierende DNA
nicht kennt und ihre Sequenz nur aus einem multiplen Alignment
bekannter homologer Sequenzen ableiten kann.

Primer sind kurze DNA-Stücke (etwa 18- 25 Nukleotide lang), die komplementär zu dem 5'Ende der zu sequenzierenden DNA-Sequenz sind. Sie werden
von der DNA-Polymerase als Startstelle benötigt. Wenn man sie zum Sequen-
zieren benötigt, setzt man pro Sequenzierreaktion nur einen Primer ein. Der
DNA-Doppelstrang wird denaturiert, der Primer an den 5'Bereich angelagert
und die zugegebene DNA-Polymerase synthetisiert den anderen Strang (Sanger-
Sequenzierung). Die Sequenzierungsprimer sind in den häufigsten Fällen komplett identisch mit der Zielsequenz, da man meistens aus einem Vektor her-
aussequenziert, dessen Sequenz bekannt ist. Ein weiteres Anwendungsgebiet für
Primer ist die Amplifizierung über die Polymerase-Kettenreaktion (engl. *polyme-
rase chain reaction*, PCR). Im Gegensatz zur Sequenzierung benötigt man hier
zwei Primer, die einen bestimmten Bereich der zugegebenen DNA amplifizieren
sollen. Ein Primer setzt an das 5'Ende der zu amplifizierenden Sequenz an und
der andere an das 3'Ende. Für weitere Erklärungen bezüglich Sequenzierung,
PCR und anderer Anwendungsbereiche von Primern empfehle ich Lehrbücher

der Molekularbiologie.

9.1   Design von exakten Primern

Wenn man die zu amplifizierende bzw. zu sequenzierende DNA-Sequenz genau
kennt, hat man bei dem Design des Primers wenig Spielraum. Man kann ihn
nur kürzer oder länger gestalten und vielleicht noch die genaue Ansatzstelle an
der DNA verschieben.

Generell gilt für das Design von Primern:

- die Primer sollten in etwa 18-25 Nukleotide lang sein

- die Primer sollten mit sich selbst nicht komplementär sein

- im Falle der PCR sollten die Primer miteinander keine Dimer (Primer-
  paare) ausbilden

- der GC-Gehalt sollte zwischen 40 und 60 % liegen

- der Tm-Wert[1] sollte für die PCR etwa zwischen 55 und 65 °C sein

- im Falle der PCR sollte der Tm-Wert von beiden Primern sehr ähnlich
  sein

Für das Design von **einfachen** Primern gibt es eine Vielzahl von Programmen. Das wohl bekannteste ist **Primer3** (Rozen and Skaletsky, 2000). Mit diesem Programm kann man wirklich alles bestimmen: wie lang das Produkt sein
soll, wie lang die Primer sein dürfen, welche Tm die Primer haben sollen, wie
hoch die Selbstkomplementarität sein darf, wie hoch der GC-Gehalt sein soll
usw.

9.2   Design von degenerierten Primern

Etwas schwieriger ist jedoch das Design von **degenerierten** Primern. Diese Art
von Primer benötigt man z.B., wenn man die Sequenz der Ziel-DNA nicht genau
kennt, sondern nur homologe Sequenzen. Dann geht man in zwei Schritten vor:
Erstens erstellt man mit den Protein-Sequenzen (!) ein multiples Alignment.
In diesem multiplen Alignment sucht man nach stark konservierten Regionen
und diese übersetzt man dann zurück in die DNA-Sequenz. Da der genetische
Code jedoch nicht eindeutig ist, steht jede Aminosäure (außer Methionin) nicht
für ein Codon, sondern für mehrere (siehe Tabelle 4.1). Damit der Grad der
Degenerierung nicht zu hoch ist, sollte man Bereiche mit Serin, Arginin und
Leucin meiden, da es für jede dieser Aminosäuren sechs mögliche Triplets gibt.

Degenerierte Primer lassen sich z.B. mit CODEHOP erzeugen (Smith, 1990).
CODEHOP steht für *COnsensus-DEgenerate Hybrid Oligonucleotide Primers.*

---

[1]Die Schmelztemperatur (Tm-Wert) bezeichnet die Temperatur, bei welcher 50 % der
Primer an die Ziel-DNA gebunden worden sind.

Ausgangspunkt für das Primerdesign sind Blöcke von lokalen multiplen Alignments, die man mit dem Block Maker (siehe Kapitel 6.2.1) erstellen kann. CODEHOP berechnet zunächst ein PSSM (siehe Kapitel 5.2.7) von diesem multiplen Alignment. Das PSSM ist die Grundlage für eine Konsensussequenz der Proteinsequenz, welche dann in eine DNA-PSSM umgewandelt wird. Anhand dieser DNA-PSSM wird für jede Position in der Sequenz die Degeneriertheit berechnet, um passende Bereiche zu finden, die weniger stark degeneriert sind und sich für eine Amplifizierung verwenden lassen.

9.3 Design von Primern zur Mutagenese

Eine häufige Anwendung der PCR ist die site-directed Mutagenese. Darunter versteht man das zielgerichtete Austauschen eines Nukleotids (mutieren). Es werden Primer benötigt, die komplett identisch mit der Zielsequenz sind und an der gewünschten Stelle eine Punktmutation tragen. Amplifiziert man die Zielsequenz mit derartigen Primern, so enthalten die Amplifikate die Punktmutation.

Mit dem Programm PrimerX von Carlo Lapid kann man sich Primer für diesen speziellen Anwendungsfall erstellen lassen. Dazu benötigt das Programm die zu mutierende Nukleotid- bzw. Proteinsequenz zweimal: einmal in seiner ursprünglichen Form und einmal mit der Mutation. Ausreichend ist hier eine Teilsequenz von ca. 50 bp. Will man SNPs (single Nukleotidpolymorphismus) in die Zielsequenz einfügen, so wird man die Mutation in eine Nukleotidsequenz einfügen. Will man jedoch einen Aminosäureaustausch herbeiführen, so gibt man dem Programm die mutierte Proteinsequenz. PrimerX versucht dann durch den Austausch möglichst weniger Basen den Aminosäureaustausch herbeizuführen.

9.4 Design von Primern für die Amplifizierung von Exons

Das Programm ExonPrimer ruft nacheinander BLAT (siehe Kapitel 5.2.9) und Primer3 auf, um Primer für die Amplifizierung von Exons zu erzeugen. Dazu benötigt das Programm zum einen die genomische Sequenz, zum anderen die dazugehörige cDNA. Aus beiden Sequenzen wird mit BLAT ein Alignment erstellt. Alle gefundenen lokalen Alignments weisen auf Exons hin. Um diese Exons zu amplifizieren, werden aus den Introns heraus, die zwischen den Exons liegen, mit Hilfe von Primer3 Primer entwickelt.

Zusammenfassung

> ➤ Voraussetzung für eine erfolgreiche Sequenzierung und Amplifizierung sind optimale Primer.

> ➤ Eine Vielzahl von Programmen erleichtert das Entwerfen von speziellen Primern, die automatisch alle wichtigen Parameter berechnen.

Beispielprogramme und Webadressen

- Primer3 als Online-Tool:
  http://frodo.wi.mit.edu/cgi-bin/primer3/primer3_www.cgi

- und als Quellcode: http://frodo.wi.mit.edu/primer3/primer3_code.html

- CODEHOP http://blocks.fhcrc.org/blocks/codehop.html

- PrimerX http://bioinformatics.org/primerx/

- ExonPrimer http://ihg.gsf.de/ihg/ExonPrimer.html

10

Genomanalyse

Die Analyse von Genomen läuft in zwei Schritten ab. Im ersten Schritt erfolgt die Genvorhersage, um die Genstruktur festzulegen. *Ab initio* und homologie-basierte Verfahren liefern eine Aussage über die Exon-Intron-Struktur und die Inition und Termination von Transkription und Translation. Im zweiten Schritt erfolgt die funktionelle Annotation des vorhergesagten codierenden Bereiches der genomischen Sequenz.

Durch die Automatisierung und die Entwicklung von Hochdurchsatzverfahren hat man es heute nicht mehr mit einer Sequenz zu tun, die es zu analysieren gilt, sondern mit sehr vielen auf einmal. Angefangen bei EST-Projekten, um das Transkriptom eines Organismus zu entschlüsseln, bis hin zu den Genom-Projekten, in denen jede einzelne Base des Genoms entschlüsselt wird. An die Sequenzierung schließt sich die Genvorhersage an – die Ermittlung der Genstruktur und die Zuordnung einer Funktion. Man beginnt mit der Identifizierung der codierenden Bereiche im Genom. Anschließend werden auch die intergenischen Bereiche untersucht, um die regulatorischen Elemente zu finden (z.B. Promotoren und Bindungsstellen für Transkriptionsfaktoren). Das folgende Kapitel beschränkt sich auf die Vorhersage des codierenden Bereiches eines Gens. Algorithmen zur Analyse von Promotoren oder nicht-proteincodierenden Genen werden nicht besprochen.

10.1 Genvorhersage

Bei der Genvorhersage unterscheidet man zwischen zwei verschiedenen Methoden. Die erste Methode sucht in der Sequenz nach **Signalen** und analysiert ihre **Zusammensetzung**, um anhand dieser der Sequenz entsprechende

Eigenschaften zuzuordnen. Diese Art von Vorhersage-Algorithmen nennt man *ab initio* Methode. Die zweite Methode basiert auf der **Homologie** der zu untersuchenden Sequenz mit bekannten anderen Sequenzen. In letzter Zeit hat sich die Kombination beider Methoden als am erfolgreichsten herausgestellt (Storno, 2000). Einen umfassenden Überblick über Genvorhersagen-Algorithmen findet man in den Veröffentlichungen von Mathe (2002) und Reese (2000).

10.1.1 *Ab initio* Genvorhersage

Signale in der Sequenz

Zu den Signalen in Nukeotidsequenzen zählt man Sequenzabschnitte, die durch besondere Sequenzmotive charakterisiert werden können. Zu diesen Signalen wird folgendes gezählt:

- Translationsstart und -stop

- 5'Splice-Site (Donor-Site) und 3'Splice-Site (Akzeptor-Site)

- Exons und Introns

- Poly-Adenylierungssignal

- 5' und 3'UTR (*untranslated region*)

All diese Signale lassen sich durch mehr oder weniger eindeutige Sequenzmotive finden. Der Translationsstart und -stop wird durch das Vorhandensein eines Start-Codons (ATG) und eines der Stop-Codons (TAA, TAG, TGA) bestimmt. Innerhalb des Start- und des Stopsignals sollte sich ein ORF befinden, der jedoch bei Eukaryoten von Introns unterbrochen sein kann. Genau diese Introns machen die Vorhersage etwas komplizierter. Die ersten Algorithmen zur Genvorhersage konnten noch keine Introns erkennen. Sie konnten nur einen ORF (siehe unten) pro Sequenz vorhersagen. Dies war aber auch vollkommen ausreichend, da man am Anfang nur mit prokaryotischer DNA gearbeitet hat, welche keine Introns enthält. Die Analyse von eukaryotischen Genomen stellte jedoch die Anforderung, Exons und Introns zu erkennen. Die Grenzen zwischen Exons und Introns werden durch bestimmte Konsensussequenzen markiert (GTAG-Regel). Exons lassen sich unterteilen in Initialexons (Start: Startcodon ATG, Ende: Donor-Site AG), interne Exons (Start: Akzeptor-Site GT, Ende: Donor-Site AG) und terminale Exons (Start: Akzeptor-Site GT, Ende: Stop-Codon TAA, TAG oder TGA).

Zusammensetzung der Sequenz

Die in einer Sequenz vorhandenen Signale reichen meist nicht für eine *ab initio* Vorhersage aus. Daher wird auch die Zusammensetzung der Sequenz untersucht:

- ORF (*open reading frame*)

- Verwendung bestimmter Codons

- G/C-Gehalt

- Vorkommen von Hexameren

Der *open reading frame* ist dadurch gekennzeichnet, dass ein mehr oder weniger langer Bereich innerhalb der Sequenz durch keine Stop-Codons unterbrochen wird. ORFs von unterschiedlichen Arten zeichnen sich durch die Bevorzugung von bestimmten Codons aus. Auch wenn der genetische Code für die meisten der 20 Aminosäuren mehr als ein Codon erlaubt (siehe Tabelle 4.2), so werden die verschiedenen Codons keineswegs gleichmäßig in allen Arten verwendet. Es werden zwar meistens alle synonymen Codons für die Aminosäuren verwendet, aber einige eben häufiger als andere. Ein weiteres Merkmal für ein Exon ist der G/C-Gehalt, der innerhalb von Exons höher liegt als innerhalb von Introns, die dagegen ein hoher A/T-Gehalt kennzeichnet. Das Vorkommen von bestimmten Hexameren ist ein bewährtes Mittel, um den codierenden von dem nicht-codierenden Bereich einer Sequenz abzugrenzen. Es hat sich gezeigt, dass einzelne Nukleotide nicht unabhängig voneinander vorkommen, sondern innerhalb von bestimmten Worten der Länge sechs (Hexamere). Bestimmte Worte kommen gehäuft in der codierenden Region vor.

Am häufigsten verwenden die Programme für die *ab initio* Vorhersage **Hidden Markov Modelle**, kurz HMMs (siehe Kapitel 8.1.4, Durbin et al. (1998)). Ein HMM beschreibt Zustände und Übergangswahrscheinlichkeiten zwischen den Zuständen. Daher sind HMMs sehr gut geeignet, um sie für die Genvorhersage zu verwenden. Auch hier hat man ganz konkrete Zustände (siehe oben), die der Sequenz zugeordnet werden sollen. Der erste Versuch, HMMs für diesen Zweck zu verwenden, stammt von Krogh (1994), der mit Hilfe von HMMs Gene in Prokaryoten vorhergesagt hat (*E. coli*, ECOPARSE). Zu diesem Zweck musste Krogh **Trainingsdaten** zusammenstellen, mit denen er statistische Regeln für das Vorkommen der Zustände aufstellte. So ein Trainingsset muss einen umfassenden Beispieldatensatz für die zu untersuchende Spezies enthalten. In diesem Fall also Beispielsequenzen aus *E. coli*, die bereits annotiert worden sind. Derartige Trainingsdaten benötigt man für **alle** *ab initio* Methoden. Das Programm von Krogh war nur für Prokaryoten geeignet, da es keine Introns vorhersagen konnte. Die heutigen Programme können jedoch exonreiche, genomische DNA analysieren.

HMMS werden z.B. in FGENESH (Salamov and Solovyev, 2000) und Genscan (Burge and Karlin, 1997) verwendet. Die beiden Programme sind sehr ähnlich, unterscheiden sich jedoch dadurch, dass FGENESH die Signale einer Sequenz stärker bewertet und Genscan die Zusammensetzung der Sequenz.

Neben den HMMs werden auch positionsgewichtete Matrizen (PWM) für die *ab initio* Vorhersage eingesetzt. Mit den PWMs wird für jede Base die Wahrscheinlichkeit dafür berechnet, dass sie an einer bestimmte Position eines Signals auftritt (Storno, 1990). GeneID (Kulp et al., 1996) verwendet z.B. PWMs, um Splice-Sites und Start- und Stop-Codons vorherzusagen.

Eine weitere Möglichkeit ist die Verwendung von neuronalen Netzwerken.

Darunter versteht man ein Verfahren zur Mustererkennung, welches als Trainingsdaten positive und negative Beispiele benötigt (z.B. echte und falsche Splice-Sites). Das neuronale Netz versucht dann Regeln festzulegen, um die positiven und negativen Beispiele voneinander zu unterscheiden, wobei sowohl die Zusammensetzung als auch die Position in der Sequenz eine Rolle spielen können. GRAIL (*Gene Recognition and Assembly Internet Link*), eines der ältesten Genvorhersageprogramme, basiert auf einem neuronalen Netzwerk (Guan et al., 1992).

10.1.2   Homologie-basierte Genvorhersage

Für die homologie-basierte Vorhersage stehen prinzipiell drei verschiedene Typen von Vergleichssequenzen zur Verfügung: Proteine, cDNA und genomische DNA. Am häufigsten werden homologe Proteine verwendet. Der Vergleich mit homologen Proteinen liefert auf jeden Fall einen Hinweis auf die Genstruktur. Es ist jedoch möglich, dass auch bei sehr homologen Proteinen bestimmte Proteindomänen fehlen. Außerdem lassen sich bei dem Vergleich mit Proteinen nicht die UTRs finden. Dagegen liefern cDNAs mehr Informationen über die Genstruktur. Mit ihnen lassen sich Exons und Introns bestimmen, wenn die cDNA aus der gleichen Spezies wie die Suchsequenz stammt. Schwierigkeiten macht hier natürlich das alternative Splicing, da dann die Zuordnung der cDNA zur genomischen Suchsequenz nicht eindeutig sein muss. Wenn man voraussetzt, dass codierende Bereiche stärker konserviert sind als nicht-codierende Regionen, kann man auch einen Vergleich mit genomischer DNA vornehmen. Bei dem intragenomischen Vergleich lassen sich so Genfamilien finden, mit dem intergenomischen Vergleich findet man orthologe Gene in anderen Spezies.

Gelfand, Mironov und Pevzner gehörten zu den ersten, die eine homologiebasierte Genvorhersage vorschlugen (1996). Ihr Programm PROCRUSTES benötigt als Input die genomische Sequenz und eine homologe Proteinsequenz, die eine starke Ähnlichkeit zur genomischen Sequenz aufweist. Die Proteine lassen sich z.B. mit einer BLASTX-Datenbanksuche finden (siehe Kapitel 5.2.6). PROCRUSTES versucht die Exon/Intron-Grenzen in der genomischen Sequenz zu finden (GTAG-Regel) und translatiert dann die gefundenen Exons in die Proteinsequenz. Für jedes translatierte Exon wird anschließend ein paarweises Alignment mit den Proteinsequenzen berechnet, wobei die Auswahl der Substitutionsmatrix sich nach der vermuteten Ähnlichkeit der genomischen Sequenz mit den Proteinsequenzen richtet.

Auch das Programm GeneWise von Birney and Durbin verwendet als homologe Sequenz eine Proteinsequenz (2000). Alternativ dazu kann ein HMM von homologen Sequenzen benutzt werden, z.B. aus der Datenbank PFAM (siehe Kapitel 8.1.4). Mit einer Variante von GeneWise, ESTWise genannt, lassen sich auch cDNA bzw. EST-Sequenzen statt genomischer Sequenzen mit einem homologen Protein oder HMM vergleichen, um etwas über ihre Genstruktur zu erfahren. Das Programm Geneseqer (Usuka and Brendel, 2000; Usuka et al., 2000) verwendet ebenfalls Alignments aus ESTs/cDNAs und der genomischen Sequenz zur Genvorhersage. Kan verwendet in TAP (*Transcript Assembly Program*) nur

ESTs für das Alignment mit der genomischen DNA. ESTs bestehen meistens aus einem Gemisch verschiedener Gewebe in unterschiedlichen Entwicklungsstadien und enthalten daher auch alternative Splice-Varianten von Genen, die so mit TAP entdeckt werden können (Kan et al., 2001).

10.1.3 Kombination beider Methoden

Es hat sich gezeigt, dass man die Ergebnisse der *ab initio* und homologiebasierten Methoden durch eine Kombination von beiden wesentlich verbessern kann. Im Programm Genomescan werden die Ergebnisse der *ab initio* Vorhersage von Genscan (Burge and Karlin, 1997) mit den Ergebnissen einer BLASTX-Datenbanksuche (siehe Kapitel 5.2.6) verknüpft (Yeh et al., 2001). BLASTX-Treffer, die in der Nähe des N- bzw. C-Terminus des vorhergesagten Proteins liegen, werden für die genaue Festlegung des Transkriptionsstarts und -stops verwendet. Hits, die durch einen Gap von 60 bp oder mehr getrennt werden (Mindestlänge für humane Introns) verifizieren die Vorhersage von Introns.

Auch FGENSH wurde mit homologie-basierten Methoden ergänzt. FGENESH+ benötigt neben der genomischen Sequenz für diesen Zweck eine homologe Proteinsequenz. Mit den durch *ab initio* Methoden vorhergesagten Exons werden anschließend unter Verwendung des Smith & Waterman Algorithmus (1981a; 1981b) paarweise Alignments erstellt (Salamov and Solovyev, 2000). Die vorhergesagten Exons müssen im gleichen Leserahmen liegen wie die besten BLASTX-Hits. Neben FGENESH+ bietet Softberry noch zwei weitere Varianten der kombinierten Vorhersage an: FGENESH-C arbeitet mit homologen cDNA-Sequenzen und FGENESH-2 mit homologen genomischen Sequenzen eng verwandter Spezies.

Das Programm Twinscan hat die *ab initio*-Vorhersagen von Genscan um einen intergenomischen Vergleich ergänzt. Neben der zu analysierenden genomischen Sequenz wird anhand einer sehr homologen genomischen Sequenz einer engverwandten Art die Genvorhersage berechnet (Korf et al., 2001).

10.1.4 Kombination mehrerer Programme

Der Trend geht nicht nur zur Kombination der beiden Methoden, sondern auch zur Kombination mehrerer Programme. Am Tigr-Institut wurde zu diesem Zweck der Combiner entwickelt (Allen et al., 2004). Als Input benötigt der Combiner die zu analysierende genomische Sequenz. Die Genvorhersage setzt sich aus *ab initio*-Algorithmen und Sequenzalignments mit Proteinen, ESTs und cDNS zusammen, die mit den Programmen GlimmerM (Pertea and Salzberg, 2002), GeneMark.hmm (Lukashin and Borodovsky, 1998), Genscan (Burge and Karlin, 1997), GeneSplicer (Pertea et al., 2001) und Twinscan (Korf et al., 2001) berechnet werden.

Einen weiteres Programm für die gleichzeitige Anwendung mehrerer Vorhersage-Algorithmen ist EGPRED (http://www.imtech.res.in/raghava/egpred/). Es kombiniert Genscan (Burge and Karlin, 1997) und HMMgene (Krogh, 2000) und führt eine Datenbanksuche mit BLAST und BLASTX durch.

Welches ist das optimale Programm für meine Sequenzen?

Die oben genannten Programme stellen nur eine Auswahl dar. Welches nun für
die eigenen Sequenzen am besten geeignet ist, muss man selbst herausfinden.
Hierbei sei angemerkt, dass all die Programme nur so gut sind wie der Trainingsdatensatz. Und dieser Trainingsdatensatz sollte natürlich aus der untersuchten Art (oder einer eng verwandten) stammen und möglichst experimentell
bestätigt sein. Nur dann besteht eine große Wahrscheinlichkeit, mit Hilfe der
zahlreichen Genvorhersage-Algorithmen eine zutreffende Vorhersage der Genstruktur zu machen. Empfohlen sei an dieser Stelle die Webseite von Wentian
Li http://www.nslij-genetics.org/gene/. Hier findet man alle Veröffentlichungen
zum Thema Genvorhersage und einen Link auf die jeweiligen Programme.

10.2   Funktionelle Analyse

An die Genvorhersage der Genstruktur schließt sich im zweiten Schritt die Annotation an: die Zuweisung einer Funktion durch den Vergleich mit bekannten
Proteinen. Für die funktionelle Analyse gibt es keine klaren Regeln und keine
festgelegte Vorgehensweise. Alle hierfür entwickelten bioinformatischen Methoden beruhen letztendlich auf einem Ähnlichkeitsvergleich. Sie setzen alle voraus,
dass die biologischen Funktionen von einem Protein auf die anderen Mitglieder
der gleichen Proteinfamilie übertragbar sind, da sie von einem gemeinsamen
Vorfahren abstammen. Das setzt natürlich auch voraus, dass sich schon ein
ähnliches Protein aus eben dieser Proteinfamilie in der Datenbank befindet.
Diese Wahrscheinlichkeit steigt von Jahr zu Jahr, da die Anzahl der bekannten
Sequenzen ständig zunimmt (siehe Abbildung 2.1).

10.2.1   Homologiesuche

Üblicherweise startet man bei einer Annotation mit den beiden bekanntesten
Methoden zur heuristischen Datenbanksuche: FASTA (Pearson, 2000, 1994) und
BLAST (Altschul et al., 1990, 1997), die im Kapitel 5 beschrieben werden. Im weiteren wird nur auf BLAST näher eingegangen, da die Anwendungen auf FASTA
übertragbar sind.

Für die Homologiesuche muss man sich zwei Fragen stellen: welchen BLAST-
Algorithmus verwende ich und welche Datenbank? Für den BLAST-Algorithmus
stehen BLASTN, BLASTX und BLASTP zur Auswahl, die jeweils Antworten auf
spezifische Fragestellungen liefern können. Mit BLASTN lassen sich homologe
DNA-Sequenzen in verwandten Arten finden. BLASTP sollte verwendet werden,
wenn die Genvorhersage bereits ein eindeutiges Ergebnis bezogen auf Exons
und Leserahmen geliefert hat. BLASTX ist die Methode der Wahl, wenn der
Leserahmen noch nicht eindeutig bestimmt werden konnte, da BLASTX die Nukleotidsequenz in alle möglichen Leserahmen übersetzt und sie dann mit einer
Proteindatenbank vergleicht. Die Wahl der Datenbank richtet sich grundsätzlich nach dem verwendeten BLAST-Algorithmus (Nukleotid- oder Proteindatenbank). Aber welche Nukleotid- und welche Proteindatenbank ist die richtige?

Sucht man nach dem Transkriptionsstart, ist eine Suche in EST-Datenbanken empfehlenswert. Will man einen Vergleich mit möglichst gut annotierten Proteinen vornehmen, wird man in Swiss-Prot oder UniProt (siehe Kapitel 2.4) suchen, wobei man berücksichtigen muss, dass in diesen Datenbanken nur ein Teil der bekannten Proteinsequenzen enthalten sind.

Unabhängig davon, welchen Algorithmus und welche Datenbank man auch wählt – es gibt keine strikte Regel für die Interpretation der Ergebnisse. Man kann zwar einen unteren Schwellenwert für beispielsweise den E-Wert setzen, aber die endgültige Entscheidung, ob ein BLAST-Treffer richtig ist oder nicht, muss manuell getroffen werden.

10.2.2 Motivsuche

Die BLAST-Suche ist immer noch die schnellste, um ähnliche Sequenzen zu finden. Allerdings muss sie nicht immer zum Erfolg führen. Zum einen, wenn es noch keine ähnliche Sequenz in der Datenbank gibt, zum anderen, wenn die Ähnlichkeit auf Sequenzebene zu schwach ist. Ist dies der Fall, so kann eine Motivsuche weiterhelfen. In Kapitel 8.1 werden die verschiedenen Motiv-Datenbanken erklärt und wie man in ihnen mit eigenen Sequenzen nach Homologen suchen kann. Ziel dieser Suche ist es, die Annotation der gefundenen Proteine auf die Suchsequenz zu übertragen. Auch hierbei hat sich die Kombination mehrerer Datenbanken bewährt, daher ist eine Suche in Interpro (Mulder et al., 2003) zu empfehlen, um gleichzeitig mehrere Motivdatenbanken zu durchsuchen.

10.2.3 Funktionelle Kataloge

Durch die Vielzahl von Genomprojekten entstand die Notwendigkeit, funktionelle Kataloge zu entwickeln, um die Proteine verschiedener Organismen in gleicher Weise zu annotieren. Diese Kataloge stellen ein ganz bestimmtes Vokabular für die funktionelle Annotation zur Vefügung. Dadurch vermeidet man z.B., dass man bei zwei homologen Proteinen die Annotation „Translation" bei dem einen und „Proteinsynthese" bei dem anderen findet. Wird der gleiche funktionelle Katalog für die Annotation verschiedener Genome benutzt, kann man viel schneller nach Proteinen gleicher Funktion suchen.

Der älteste funktionelle Katalog ist der **FunCat** von Mips (Wu et al., 2002). Der FunCat ist ein Annotationsschema, welches für die funktionelle Annotation von Prokaryoten, einzelligen Eukaryoten, Pflanzen und Tieren verwendet werden kann. Die drei Hauptgruppen zellulärer Transport, Metabolismus und Signaltransduktion werden in 28 Hauptkategorien abgebildet (insgesamt 1307 Kategorien). Im folgenden ist ein Beispiel für den hierachischen Aufbau von FunCat dargestellt:

```
01              METABOLISM
01.01           amino acid metabolism
01.01.03        assimilation of ammonia, metabolism of the glutamate group
01.01.03.01     metabolism of glutamine
01.01.03.01.01  biosynthesis of glutamine
```

Aus den Genomeprojekten FlyBase (*Drosophila melanogster*), *Saccharomyces* Genome Database (SGD) und der Mouse Genome Database (MGD) ist 1998 das Gene Ontology Projekt (GO) hervorgegangen (Gene Ontology Consortium, 2004). Inzwischen sind noch viele weitere Genomdatenbanken daran beteiligt. Dazu gehören die großen pflanzlichen und tierischen sowie diverse bakterielle Genomdatenbanken. GO wird in die drei Hauptkategorien molekulare Funktion, biologischer Prozess und zelluläre Komponenten eingeteilt. Ein Genprodukt kann allen drei Kategorien zugeordnet werden, da es gleichzeitig eine molekulare Funktion haben kann, in biologischen Prozessen involviert und mit einer zellulären Komponente assoziiert sein kann. Im Folgenden ist ein Ausschnitt des GO-Katalogs dargestellt, bestehend aus GO-Identifiern und GO-Terms (so nennt man die Vokabeln, z.B. Metabolismus).Wie man an dem Ausschnitt erkennen kann, können die GO-Terms mehr als einmal im Katalog auftauchen.

```
GO:0003673 : Gene_Ontology (130309)
 GO:0008150 : biological_process (78842)
  GO:0007582 : physiological process (55602)
   GO:0008152 : metabolism (34935)
    GO:0009308 : amine metabolism (2232)
     GO:0009309 : amine biosynthesis (949)
      GO:0008652 : amino acid biosynthesis (861)
     GO:0006520 : amino acid metabolism (1859)
      GO:0008652 : amino acid biosynthesis (861)
    GO:0006519 : amino acid and derivative metabolism (2320)
     GO:0006520 : amino acid metabolism (1859)
      GO:0008652 : amino acid biosynthesis (861)
    GO:0009058 : biosynthesis (8735)
     GO:0009309 : amine biosynthesis (949)
      GO:0008652 : amino acid biosynthesis (861)
    GO:0006082 : organic acid metabolism (3100)
     GO:0019752 : carboxylic acid metabolism (3095)
      GO:0006520 : amino acid metabolism (1859)
       GO:0008652 : amino acid biosynthesis (861)
 GO:0005575 : cellular_component (65869)
 GO:0003674 : molecular_function (99474)
```

Der GO-Identifier GO:0008652 (amino acid biosynthesis) taucht in diesem Beispiel in vier Kategorien auf: GO:0009309 (amine biosynthesis), GO:0006520 (amino acid metabolism), GO:0009058 (biosynthesis) und GO:0006082 (organic acid metabolism). Dieses Beispiel zeigt, dass der GO-Katalog nicht hierarchisch aufgebaut ist, sondern vielmehr wie ein Netzwerk aus lauter Knoten, die mehr als einen Ursprung haben können. Man will damit das Netzwerk des Lebens symbolisieren, in dem die Genprodukte auch keiner strikten Hierachie unterliegen, sondern in einem Netzwerk zusammen agieren.

10.2.4 Lokalisierung

Im Zusammenhang mit der Funktion ist die Lokalisierung von Proteinen in der Zelle interessant, da diese einen weiteren Hinweis auf die genaue Funktion liefern kann. Zu den bekanntesten Programmen für die Vorhersage der Lokalisierung zählt PSORT (Gardy et al., 2003; Nakai and Kanehisa, 1991). Mit PSORT lassen sich Lokalisierungsvorhersagen für gram-negative Bakterien machen. Es kommen vier mögliche Lokalisierungen in Frage: das Cytoplasma, die innere Membran, das Periplasma und die äußere Membran. PSORTII wurde für Eukaryoten optimiert und gibt Auskunft über den Verbleib der Proteine, die über den vesikulären Transportweg in der Zelle transportiert werden (Horton and Nakai, 1999). Das Programm iPSORT wurde für die Analyse N-terminaler Signalpeptide entwickelt. Es kann vorhersagen, ob das Protein ins Mitochondrion oder in den Chloroplasten wandert (Bannai et al., 2002).

TargetP basiert auf einem neuronalen Netzwerk und kann zwischen Proteinen für das Mitochondrion, den Chloroplasten und dem sektretorischen Weg unterscheiden (Emanuelsson et al., 2000). SignalP analysiert Proteine nach dem Vorkommen von Spaltstellen (*cleavage sites*) für Signalpeptide in gram-positiven und gram-negativen Bakterien und in Eukaryoten unter Verwendung eines neuronalen Netzwerks und HMMs (Nielsen et al., 1997). Sowohl TargetP als auch SignalP gehören zum CBS Prediction Server (siehe Kapitel 8.3.1).

10.2.5 Automatische Vorhersage

Web-Server wie PredictProtein, Pix und Panal (Silverstein et al., 2000) bieten eine automatische funktionelle Annotation von Proteinen an. Allerdings benötigen sie als Input eine Proteinsequenz. Pedant hingegen akzeptiert genomische DNA, deren Genstruktur noch nicht bekannt ist. Durch die Integration von Orpheus (Frishman et al., 1998), Fgenesh+ (Salamov and Solovyev, 2000) und Genscan (Burge and Karlin, 1997) ist es möglich, die Genvorhersage mit der funktionellen Annotation zu verknüpfen (Frishman et al., 2003).

Zusammenfassung

➤ Genvorhersage-Algorithmen werden eingeteilt in *ab initio* Verfahren und homologie-basierte Verfahren.

➤ *Ab inito* Verfahren

  ➤ suchen nach Signalen in der genomischen Sequenz und

  ➤ analysieren die Zusammensetzung der Sequenz.

➤ Homologie-basierte Verfahren

  ➤ beruhen auf einem Homologievergleich mit bekannten Sequenzen und

  ➤ verwenden verschiedene Typen von Sequenzen: Protein, cDNA und genomische DNA.

➤ Die Kombination beider Verfahren liefert die besten Ergebnisse.

➤ Die funktionelle Annotation schließt sich an die Genvorhersage mit folgenden Verfahren an:

  ➤ Suche nach homologen Sequenzen in Nukleotid- und Proteindatenbanken,

  ➤ Suche nach homologen Sequenzen in Motiv-Datenbanken,

  ➤ Annotation unter Zuhilfenahme von funktionellen Katalogen und

  ➤ Untersuchung der Lokalisierung des Genprodukts in der Zelle.

Beispielprogramme und Webadressen

- **Signal-basierte Genvorhersage**
  - Genscan Web-Server:
    http://genes.mit.edu/GENSCAN.html
  - FGENESH Web-Server:
    http://www.softberry.com/berry.phtml?topic=fgenesh
    &group=programs&subgroup=gfind
  - GeneID Web-Server:
    http://www1.imim.es/software/geneid/index.html
  - GRAIL Web-Server:
    http://compbio.ornl.gov/Grail-bin/EmptyGrailForm

- **Homologie-basierte Genvorhersage**

  - PROCRUSTES Homepage:
    http://www-hto.usc.edu/software/procrustes/index.html

  - GenWise Web-Server am EBI:
    http://www.ebi.ac.uk/Wise2/index.html

  - Geneseqer Homepage:
    http://bioinformatics.iastate.edu/cgi-bin/gs.cgi

- **Kombination beider Methoden**

  - Genomescan Homepage:
    http://genes.mit.edu/genomescan/

  - FGENESH Web-Server:
    http://www.softberry.com/berry.phtml?topic=fgenes_plus
    &group=programs&subgroup=gfs

  - FGENESH-C Web-Server:
    http://www.softberry.com/berry.phtml?topic=fgenes_c
    &group=programs&subgroup=gfs

  - FGENESH-2 Web-Server:
    http://www.softberry.com/berry.phtml?topic=fgenes_2
    &group=programs&subgroup=gfs

  - TwinScan Homepage:
    http://genes.cs.wustl.edu/

- Webseite von Wentian Li:
  http://www.nslij-genetics.org/gene/

- **Kombination mehrerer Programme**

  - Combiner Homepage:
    http://www.tigr.org/software/combiner/

  - EGPRED Web-Server:
    http://www.imtech.res.in/

- **Funktionelle Kataloge**

  - FunCat http://mips.gsf.de/projects/funcat

  - GO http://www.geneontology.org/

- **Lokalisierung**

    - PSORT, PSORTII und iPSORT:
      http://psort.nibb.ac.jp/
    - TargetP Web-Server:
      http://www.cbs.dtu.dk/services/TargetP/
    - SignalP Web-Server:
      http://www.cbs.dtu.dk/services/SignalP-2.0/

- **Automatische Vorhersage**

    - PredictProtein
      http://cubic.bioc.columbia.edu/predictprotein/index.html
    - PANAL Web-Server:
      http://mgd.ahc.umn.edu/panal
    - Pix
      http://www.hgmp.mrc.ac.uk/Registered/Webapp/pix/
    - Pedant
      http://pedant.gsf.de

Glossar

Accessionnummer Einmalig vergebene Nummer, die meist aus einer Zahlen-
und Buchstabenkombination besteht und zur Identifizierung von Sequenzen in
Datenbanken dient.

Ähnlichkeit (*similarity*) Die Bestimmung der Ähnlichkeit zwischen zwei Sequenzen setzt die Definition einer Ähnlichkeitsmetrik voraus, d.h. es muß definiert werden, wie z.B. die Ähnlichkeit von Valin mit Threonin bewertet wird.
Dazu verwendet man Substitutionsmatrizen.

Akzeptor-Site 3'Ende eines Introns, meist durch ein GT gekennzeichnet.

Alignment Ein Alignment entsteht, wenn man zu vergleichende Sequenzen
direkt untereinanderschreibt und versucht, die einzelnen Positionen der Sequenz
so anzuordnen, dass identische oder ähnliche Aminosäuren oder Nukleotide untereinander stehen.

Alignment Score Maß für die Qualität eines Alignments. Der Score wird
berechnet als die Summe der einzelnen Scores für jeden Match im Alignment
minus der Strafpunkte für die Anzahl und die Länge der Gaps.

Annotation Teil eines Sequenzeintrags in einer Datenbank, der die Eigenschaften einer Sequenz beschreibt.

Bit Score Normalisierter Alignmentscore nach einer BLAST-Suche.

Blast **B**asic **L**ocal **A**lignment **S**earch **T**ool. Heuristischer Algorithmus zur Sequenzsuche in Datenbanken.

BLOSUM **Bl**ocks **S**ubstitution **M**atrix. Eine spezielle Substitutionsmatrix,
die von Henikoff & Henikoff entwickelt wurde. Die Zahl der Matrix gibt an, wie
groß die Identität der Sequenz war, mit der die Matrix berechnet wurde. Beispiel:
BLOSUM62 entstand aus Sequenzen, die untereinander zu 62 % identisch waren.

Bootstrapping Verfahren, um die statistische Signifikanz phylogenetischer Bäume zu ermitteln. Das multiple Alignment wird spaltenweise auseinander genommen, durch Ziehen mit Zurücklegen wieder zusammengesetzt und daraus ein neuer Baum errechnet.

cDNA DNA, die aus mRNA synthetisiert wurde. cDNA-Banken enthalten das Transkriptom eines Organismus, also alle Gene, die zur Zeit der Herstellung aktiv waren.

Deletion Bezeichnung für eine Lücke in einem Alignment, die nicht in allen Sequenzen des Alignments vorhanden ist.

Dendogramm Graphische Darstellung eines multiplen Alignment nach einem progressiven Klustern der Sequenzen.

Donor-Site 5'Ende eines Introns, meist durch ein AG gekennzeichnet.

Dotplot Graphische Darstellung eines Sequenzalignments in einer Matrix.

Elektropherogramm Ergebnis einer automatischen Sequenzierung von DNA. Jedes Nukleotid wird durch ein eigenes Signal dargestellt.

EST (*Expressed sequence tag*) Kurze cDNA-Fragmente (ca. 200 bis 500 bp lang), die man durch die Sequenzierung von cDNA erhält.

Exon Bereich eines Gens, der funktionelle Information enthält.

E-Wert Statistische Signifikanz für den gefundenen Treffer bei einer Datenbanksuche.

Fasta Heuristischer Algorithmus für die Sequenzsuche in Datenbanken.

Filtering Maskieren von unwichtigen Bereichen in Sequenzen vor einer Datenbanksuche, z.B. beim BLAST

Gap Eine Lücke in einem Alignment. Sie entsteht z. B. durch Insertionen oder Deletionen in Sequenzen.

Gap-open Strafpunkt Strafpunkt für jede neu entstandene Lücke in einem Alignment.

Gap-extension Strafpunkt Strafpunkt für jede weitere Lücke in einem Alignment nach dem ersten Strafpunkt.

Globales Alignment   Alignment über die gesamte Länge der zu vergleichenden Sequenzen.

GTAG-Regel   Introns von Eukaryoten beginnen im Allgemeinen mit GT (Donor-Site) und enden mit AG (Akkzeptor-Site).

Homologie   Bezeichnet das Verwandtschaftsverhältnis von Sequenzen. Wenn die Sequenzen einen gemeinsamen Vorfahren haben, sind sie homolog.

HSP   (*High Scoring Pair*) Zwei lokale Alignments in einer BLAST-Suche, die in direkter Nachbarschaft auf der gleichen Sequenz liegen.

Hidden Markov Modelle (HMM)   Besondere Methode, um ein Profil von einem multiplen Alignment zu erstellen. Liefert die Übergangswahrscheinlichkeiten für jede Position im Alignment.

Identität (identity)   Zahl der Sequenzpositionen, die in einem Alignment identisch sind. Die Angabe erfolgt meistens in Prozent der Alignmentlänge.

Init1   Alignment Score im ersten Durchlauf des FASTA-Suchalgorithmus.

Initn   Alignment Score im zweiten Durchlauf des FASTA-Suchalgorithmus nach Verknüpfung der ersten Treffer.

Insertion   Bezeichnung für Nukleotide bzw. Aminosäuren in einem Alignment, die nicht in allen Sequenzen des Alignments vorhanden sind.

Intron   Bereich eines Gens, der keine funktionellen Informationen enthält und während des Splicing aus der nukleären mRNA herausgeschnitten wird. Dieser Teil wird also transkribiert aber nicht translatiert.

Konsensussequenz   Spiegelt die am häufigsten vertretenen Aminosäuren bzw. Nukleotide in einem multiplen Alignment wieder.

k-tuple   Legt die Größe der Indexeinträge in einer Datenbanksuche mit FASTA fest.

Lokales Alignment   Alignment von lokalen Bereichen zweier Sequenzen, die den kleinsten Abstand aller Teilsequenzen haben.

Match   Bezeichnung für identische oder ähnliche Positionen in einem Alignment.

Maximum Likelihood   Verfahren, um den wahrscheinlichsten Baum in einer phylogenetischen Analyse zu finden.

Mismatch   Bezeichnung für ungleiche Positionen in einem Alignment.

Motiv   Ein Muster oder ein Profil, dass charakteristisch für die Sequenz ist.

Multiples Alignment   Ein Alignment aus mindestens drei Sequenzen.

Muster   Ein qualitatives Motiv, dass durch einen regulären Ausdruck beschrieben wird.

Needlemann & Wunsch Algorithmus   Verfahren, um ein optimales globales Alignment von zwei Sequenzen zu berechnen.

Neighbor-Joining   Verfahren, nach dem die Astlängen in einem phylogenetischen Baum über eine Sterntopologie ermittelt werden.

Opt   Alignment Score im dritten Durchlauf des FASTA-Suchalgorithmus nach der sensitiven Suche mit dem abgeänderten Smith & Waterman Algorithmus.

Orthologe Sequenzen   Homologe Sequenzen aus verschiedenen Arten mit ähnlichen Funktionen.

PAM   (*Percent Accepted Mutation*) Substitutionsmatrix, die die Übergangswahrscheinlichkeiten von Aminosäuren angibt. Die Zahlen stehen für den evolutionären Abstand der Sequenzen. Je höher die Zahl ist, desto entfernter sind die Sequenzen, für die diese Matrix gilt.

Paraloge Sequenzen   Homologe Sequenzen aus der gleichen Art, die durch Genduplikation entstanden sind und verschiedene Funktionen haben.

Parsimony   Verfahren, um phylogenetische Bäume nach dem Sparsamkeitsprinzip zu berechnen: Der Baum mit den kürzesten Ästen ist der richtige.

Pearson & Lipman Algorithmus   siehe FASTA.

PHI-BLAST   (*Pattern Hit Initiated*) Spezielle Form der Datenbanksuche mit dem BLAST-Algorithmus. Es wird mit der Sequenz und mit einem Motiv aus der Sequenz nach ähnlichen Sequenzen gesucht.

Primer   Kurze DNA-Stücke (etwa 18- 25 Nukleotide lang), die komplementär zu dem 5'Ende der zu sequenzierenden oder amplifizierenden DNA-Sequenz sind.

Profil   Ein quantitatives Motiv eines multiplen Alignments. Es beschreibt für jede Position im Alignment die Wahrscheinlichkeit für das Auftreten einer Aminosäure.

PSI-BLAST   Positionsspezifischer iterativer Blast. Spezielle Art der Datenbanksuche mit dem BLAST-Algorithmus. Von allen gefundenen Treffern wird ein multiples Alignment erstellt und eine PSSM berechnet, mit der die nächste (iterative) BLAST-Suche durchgeführt wird.

PSSM   Positionsspezifische Substitutionsmatrix, ein quantitatives Motiv eines multiplen Alignments. Beschreibt für jede Position im Alignment die Wahrscheinlichkeit für das Auftreten einer Aminosäure.

RPS-Blast   (*reverse position-specific*) Besondere BLAST-Form, um mit Proteinsequenzen in einer PSSM-Datenbank nach homologen Sequenzen zu suchen.

Sequenzlogo   Besondere graphische Darstellung einer Konsensussequenz.

Splicing   Bezeichnung für das Herausschneiden von Introns aus der nukleären mRNA. Die Introns sind durch Splice-Sites gekennzeichnet.

Smith & Waterman Algorithmus   Verfahren, um ein optimales lokales Alignment von zwei Sequenzen zu berechnen.

SNP   (*Single nucleotide polymorphism*) Einzelne Nukleotide, die in verschiedenen Individuen der gleichen Art unterschiedlich sind.

Substitution   Austausch von Nukleotiden bzw. Aminosäuren in einem Alignment, der nicht in allen Sequenzen vorkommt.

Substitutionsmatrix (Scoring Matrix)   Eine Matrix, die jedem möglichen Aminosäure- oder Nukleotidpaar einen Wert zuteilt, der Auskunft über die Wahrscheinlichkeit eines Austausches gibt. Die Matrix wird verwendet, um einen Alignmentscore zu berechnen.

Two-Hit   Bei der BLAST-Suche in einer Datenbank werden nur diejenigen Treffer als Hit angesehen, die in direkter Nachbarschaft einen zweiten Hit aufweisen.

Trainingsdaten   Sequenzen, deren Annotation experimentell bestätigt worden ist und die für *ab initio* Genvorhersagen benötigt werden. Mit ihnen wird der verwendete Algorithmus trainiert, damit bestimmte genetische Elemente in unbekannten Sequenzen erkannt werden.

UPGMA (*Unweighted Pair-Group Method Using Arithmetric Averages*) Verfahren, nach dem die Astlängen in einem phylogenetischen Baum aus dem Mittelwert der Distanzen gebildet werden.

UTR (*untranslated region*) Bereich eines Gens, der transkribiert aber nicht translatiert wird.

word size Legt die Größe der Indexeinträge in einer Datenbanksuche mit BLAST fest.

z-score Normalisierter Opt-Score in einer FASTA-Suche.

Weblinks

- ## Primäre Datenbanken

Genbank
> http://www.ncbi.nlm.nih.gov/

ENTREZ
> http://www.ncbi.nlm.nih.gov/Entrez/

BLAST
> http://www.ncbi.nlm.nih.gov/BLAST/

dbEST
> http://www.ncbi.nlm.nih.gov/dbEST/index.html

UniGene
> http://www.ncbi.nlm.nih.gov/entrez/query.fcgi?db=unigene

dbSNP
> http://www.ncbi.nlm.nih.gov/SNP/

Genome
> http://www.ncbi.nlm.nih.gov/entrez/query.fcgi?db=Genome

Trace Archive
> http://www.ncbi.nlm.nih.gov/Traces/trace.cgi?

Sequenzanalyse-Tutorial am NCBI
> http://www.ncbi.nlm.nih.gov/About/primer/

EMBL
> http://www.ebi.ac.uk/embl

SRS
> http://srs.ebi.ac.uk/

BLAST
> http://www2.ebi.ac.uk/blast2/

FASTA
> http://www2.ebi.ac.uk/fasta3/

Sequenzanalysetutorial am EBI
> http://www.ebi.ac.uk/2can/index.html

DDBJ
> http://www.ddbj.nig.ac.jp/

getentry

```
        http://ftp2.ddbj.nig.ac.jp:8000/getstart-e.html
SRS
        http://srs.ddbj.nig.ac.jp/index-e.html
BLAST
        http://spiral.genes.nig.ac.jp/homology/blast-e.shtml
FASTA
        http://spiral.genes.nig.ac.jp/homology/fasta-e.shtml
SSEARCH
        http://watson.genes.nig.ac.jp/homology/ssearch-e.shtml
```

UniProt
```
        http://www.ebi.uniprot.org/
```
Swiss-Prot
```
        http://www.expasy.ch/sprot/
```
TrEMBL
```
        http://www.ebi.ac.uk/trembl/
```
PIR-PSD
```
        http://pir.georgetown.edu/pirwww/search/textpsd.shtml
```

• Sequenzformate

Trace Archive am NCBI
```
        http://www.ncbi.nlm.nih.gov/Traces/trace.cgi?
```
Trace Server Ensembl
```
        http://trace.ensembl.org/
```
ABIView als Online-Tool
```
        http://bioweb.pasteur.fr/seqanal/interfaces/abiview.html
```
ABIView im EMBOSS-Paket
```
        http://www.rfcgr.mrc.ac.uk/Software/EMBOSS/Apps/abiview.html
```
ABIView Homepage
```
        http://bioinformatics.weizmann.ac.il/software/abiview/abiview.html
```
Chromas
```
        http://www.technelysium.com.au/chromas.html
```
Bioedit
```
        http://www.mbio.ncsu.edu/BioEdit/bioedit.html
```
ReadSeq als Online-Tool am EBI
```
        http://www.ebi.ac.uk/cgi-bin/readseq.cgi
```
ReadSeq Quellcode
```
        http://iubio.bio.indiana.edu/soft/molbio/readseq/
```

• Einfache Sequenzalignments

Dotplot

DOTTUP
     http://bioweb.pasteur.fr/seqanal/interfaces/dottup.html
DOTMATCHER
     http://bioweb.pasteur.fr/seqanal/interfaces/dotmatcher.html
POLYDOT
     http://bioweb.pasteur.fr/seqanal/interfaces/polydot.html)
DOTTER
     http://www.cgr.ki.se/cgr/groups/sonnhammer/Dotter.html
DOTLET
     http://www.isrec.isb-sib.ch/java/dotlet/Dotlet.html
MATRIXPLOT
     http://www.cbs.dtu.dk/services/MatrixPlot/

Globales Alignment

ALION
     http://motif.Stanford.EDU/alion/
Needleman & Wunsch
     http://bioweb.pasteur.fr/seqanal/interfaces/needle.html

Lokales Alignment

ALION
     http://motif.Stanford.EDU/alion/
Smith & Waterman
     http://bioweb.pasteur.fr/seqanal/interfaces/water.html
FRAMESEARCH
     http://www.dna.affrc.go.jp/htbin/swx.pl)
REVERSE FRAMESEARCH
     http://www.dna.affrc.go.jp/htbin/tswn.pl

• Heuristische Sequenzvergleiche

FASTA

FASTA am EMBL
     http://www.ebi.ac.uk/fasta/index.html
FASTA an der DDBJ
     http://www.ddbj.nig.ac.jp/E-mail/homology.html
FASTA bei William Pearson
     http://alpha10.bioch.virginia.edu/fasta/

BLAST

BLAST am NCBI
    http://www.ncbi.nlm.nih.gov/blast/
BLAST am EMBL
    http://www.ebi.ac.uk/blast2
BLAST an der DDBJ
    http://spiral.genes.nig.ac.jp/homology/blast-e.shtml
PSI-BLAST und PHI-BLAST am NCBI
    http://www.ncbi.nlm.nih.gov/blast/
BLAST-Tutorial am NCBI
    http://www.ncbi.nlm.nih.gov/Education/BLASTinfo/
information3.html WU-BLAST, University Washington
    http://www.ebi.ac.uk/blast2/
SSAHA Quellcode
    http://www.sanger.ac.uk/Software/analysis/SSAHA/
BLAT Quellcode
    http://www.soe.ucsc.edu/~kent/src/
BLAT als Online-Tool
    http://genome.cse.ucsc.edu/cgi-bin/hgBlat?command=start

• Multiple Alignments

Globale multiple Alignments

CLUSTAL W als Online-Tool
    http://www.ebi.ac.uk/clustalw/
CLUSTAL W im Quellcode
    ftp://ftp.ebi.ac.uk/pub/software/
CLUSTAL X im Quellcode
    ftp://ftp-igbmc.u-strasbg.fr/pub/
DIVIDE AND CONQUER
    http://bibiserv.techfak.uni-bielefeld.de/dca/
Ballast und DbClustal als Online-Tool
    http://igbmc.u-strasbg.fr:8080/DbClustal/dbclustal.html
PipeAlign als Online-Tool
    http://igbmc.u-strasbg.fr/PipeAlign/

Lokale multiple Alignments

Block Maker als Online-Tool
    http://blocks.fhcrc.org/blocks/blockmkr/make_blocks.html
Block Maker im Quellcode
    ftp://ncbi.nlm.nih.gov/repository/blocks/unix/protomat/

Darstellung von multiplen Alignments

Sequenzlogos
    http://www.lecb.ncifcrf.gov/~toms/logoprograms.html
Weblogo als Online-Tool
    http://www.bio.cam.ac.uk/cgi-bin/seqlogo/logo.cgi
TeXshade
    http://homepages.uni-tuebingen.de/beitz/biotex.html
Boxshade
    http://www.ch.embnet.org/software/BOX_form.html
CINEMA
    http://www.biochem.ucl.ac.uk/bsm/dbbrowser/CINEMA2.02/

• Phylogenetische Analysen

PHYLIP im Quellcode
    http://evolution.genetics.washington.edu/phylip.html
PHYLIP als Online-Tool
    http://bioweb.pasteur.fr/seqanal/interfaces/protdist.html
    http://bioweb.pasteur.fr/seqanal/interfaces/protpars.html
    http://bioweb.pasteur.fr/seqanal/interfaces/seqboot.html
    http://bioweb.pasteur.fr/seqanal/interfaces/drawtree.html
MOLPHY im Quellcode für Unix
    ftp://ftp.ism.ac.jp/pub/ISMLIB/MOLPHY/
MOLPHY im Quellcode für Windows
    http://dogwood.botany.uga.edu/malmberg/software.html
MOLPHY als Online-Tool
    http://bioweb.pasteur.fr/seqanal/interfaces/molphy.html

• Primerdesign

Primer3 als Online-Tool
    http://frodo.wi.mit.edu/cgi-bin/primer3/primer3_www.cgi
Primer3 Quellcode
    http://frodo.wi.mit.edu/primer3/primer3_code.html CODEHOP
    http://blocks.fhcrc.org/blocks/codehop.html
PrimerX
    http://bioinformatics.org/primerx/
ExonPrimer
    http://ihg.gsf.de/ihg/ExonPrimer.html

• Abgeleitete Datenbanken

Motiv-Datenbanken

PROSITE
    http://www.expasy.ch/prosite/

SCANPROSITE
> http://au.expasy.org/tools/scanprosite/

PROFILESCAN
> http://hits.isb-sib.ch/cgi-bin/PFSCAN

PRATT Quellcode
> http://www.ii.uib.no/ inge/Pratt.html

PRATT als Online-Tool am EBI
> http://www.ebi.ac.uk/pratt/

PRINTS
> http://www.bioinf.man.ac.uk/dbbrowser/PRINTS/

FINGERPRINTSCAN als Online-Tool
> http://www.ebi.ac.uk/printsscan/

PFAM
> http://pfam.wustl.edu/

HMMER
> http://hmmer.wustl.edu/

CDD
> http://www.ncbi.nlm.nih.gov/Structure/cdd/cdd.shtml

PRODOM
> http://protein.toulouse.inra.fr/prodom/current/html/home.php

INTERPRO
> http://www.ebi.ac.uk/interpro/

INTERPROSCAN
> http://www.ebi.ac.uk/InterProScan/

INTERPRO-Tutorial am EBI
> http://www.ebi.ac.uk/2can/tutorials/function/index.html

Datenbanken für Stoffwechselwege

Boehringer Mannheim Biochemical Pathways
> http://www.expasy.ch/cgi-bin/search-biochem-index

ENYZME
> http://www.expasy.ch/enzyme/

BRENDA
> http://www.brenda.uni-koeln.de/

KEGG
> http://www.genome.ad.jp/kegg/

LIGAND
> http://star.scl.genome.ad.jp/dbget/ligand.html

Vorhersage-Datenbanken

CBS
> http://www.cbs.dtu.dk/services/

PREDICTPROTEIN
> http://dodo.cpmc.columbia.edu/predictprotein/

• Genomanalyse

Signal-basierte Genvorhersage

Genscan
    http://genes.mit.edu/GENSCAN.html
FGENESH Web-Server:
    http://www.softberry.com/berry.phtml?topic=fgenesh
    &group=programs&subgroup=gfind
GeneID Web-Server
    http://www1.imim.es/software/geneid/index.html
GRAIL Web-Server
    http://compbio.ornl.gov/Grail-bin/EmptyGrailForm

Homologie-basierte Genvorhersage

PROCRUSTES Homepage
    http://www-hto.usc.edu/software/procrustes/index.html
GenWise Web-Server am EBI
    http://www.ebi.ac.uk/Wise2/index.html
Geneseqer Homepage
    http://bioinformatics.iastate.edu/cgi-bin/gs.cgi

Kombination beider Methoden

Genomescan Homepage
    http://genes.mit.edu/genomescan/
FGENESH Web-Server
    http://www.softberry.com/berry.phtml?topic=fgenes_plus
    &group=programs&subgroup=gfs
FGENESH-C Web-Server
    http://www.softberry.com/berry.phtml?topic=fgenes_c
    &group=programs&subgroup=gfs
FGENESH-2 Web-Server
    http://www.softberry.com/berry.phtml?topic=fgenes_2
    &group=programs&subgroup=gfs
TwinScan Homepage
    http://genes.cs.wustl.edu/
Webseite von Wentian Li
    http://www.nslij-genetics.org/gene/

Kombination mehrerer Programme

Combiner Homepage
    http://www.tigr.org/software/combiner/
EGPRED Web-Server
    http://www.imtech.res.in/

Funktionelle Kataloge

FunCat
>   http://mips.gsf.de/projects/funcat

GO
>   http://www.geneontology.org/

Lokalisierung

PSORT, PSORTII und iPSORT
>   http://psort.nibb.ac.jp/

TargetP Web-Server
>   http://www.cbs.dtu.dk/services/TargetP/

SignalP Web-Server
>   http://www.cbs.dtu.dk/services/SignalP-2.0/

Automatische Vorhersage

PredictProtein
>   http://cubic.bioc.columbia.edu/predictprotein/index.html

PANAL Web-Server
>   http://mgd.ahc.umn.edu/panal

Pix
>   http://www.hgmp.mrc.ac.uk/Registered/Webapp/pix/

Pedant
>   http://pedant.gsf.de

• Webkatalog zum Thema Bioinformatik

>   http://www.bioinformatik.de

Literaturverzeichnis

Adachi, J. and Hasegawa, M. (1992). MOLPHY: Programs for molecular phylogenetics, i. PROTML: Maximum likelihood inference of protein phylogeny. *Computer Science Monographs*, 27.

Allen, J. E., Pertea, M., and Salzberg, S. L. (2004). Computational gene prediction using mutliple sources of evidence. *Genome Research*, 14(1):142–148.

Altschul, S. F., Gish, W., Myers, W. M. E. W., and Lipman, D. J. (1990). Basic local alignment search tool. *J Mol Biol*, 215:403–410.

Altschul, S. F. and Koonin, E. V. (1998). Iterated profile searches with PSI-BLAST - a tool for discovery in protein database. *TIBS*, 23:444–447.

Altschul, S. F., Madden, T. L., Zhang, A. A. S. J., Zhang, Z., Miller, W., and Lipman, D. J. (1997). Gapped BLAST and PSI-Blast: a new generation of protein database search programs. *Nucleic Acids Res*, 25:3389–3402.

Apweiler, R., Bairoch, A., Wu, C. H., Barker, W. C., B, B., Ferro, S., Gasteiger, E., Huang, H., Lopez, R., Magrane, M., Martin, M. J., Natale, D. A., O'Donovan, C., Redaschi, N., and Yeh, L. L. (2004). UniProt: the universal protein knowledgebase. *Nucleic Acid Res*, 32:D115–D119.

Attwood, T. K., Bradley, P., Flower, D. R., Gaulton, A., Maudling, N., and Mitchell, A. L. (2003). Prints and its automatic supplement, preprints. *Nucleic Acids Res*, 31(1):400–402.

Bairoch, A. (2000). The enzyme database in 2000. *Nucleic Acids Res*, 28:304–305.

Baker, W., van den Broek, A., Camon, E., Hingamp, P., Sterk, P., Stoesser, G., and Tuli, M. A. (2000). The EMBL nucleotide sequence database. *Nucleic Acids Res*, 28:19–23.

Bannai, H., Tamada, Y., Maruyama, O., Nakai, K., and Miyano, S. (2002). Extensive feature detection of N-terminal protein sorting signals. *Bioinformatics*, 18:298–305.

Barker, W. C., Pfeiffer, F., and George, D. G. (1996). Superfamily classification in PIR-International Protein Sequence Database. *Methods Enzymol.*, 266:59–71.

Bateman, A., Coin, L., Durbin, R., Finn, R. D., Hollich, V., Griffiths-Jones, S., Khanna, A., Marshall, M., Moxon, S., Sonnhammer, E. L. L., Studholme, D. J., Yeats, C., and Eddy, S. R. (2004). The Pfam Protein Families Database. *Nucleic Acids Res*, 32:D138–D141.

Beitz, E. (2000). Texshade: shading and labeling of multiple sequence alignments using latex2 epsilon. *Bioinformatics*, 16:135–139.

Benson, D. A., Karsch-Mizrachi, I., Lipman, D. J., Ostell, J., and Wheeler, D. L. (2004). Genbank: update. *Nucleic Acids Res*, 32:D23–D26.

Birney, E. and Durbin, R. (2000). Using GeneWise in the *Drosophila* annotation experiment. *Genome Research*, 10(4):547–548.

Boeckmann, B., Bairoch, A., Apweiler, R., Blatter, M.-C., Estreicher, A., Gasteiger, E., Martin, M. J., Michoud, K., O'Donovan, C., Phan, I., Pilbout, S., and Schneider, M. (2003). The SWISS-PROT protein knowledgebase and its supplement TrEMBL in 2003. *Nucleic Acids Res*, 31(1):365–370.

Boguski, M. S., Lowe, L. M., and Tolstoshev, C. M. (1993). dbEST–database for 'expressed sequence tags'. *Nat Genet*, 4(4):332–333.

Brown, N. P., Leroy, C., and Sander, C. (1998). Mview: A web compatible database search or multiple alignment viewer. *Bioinformatics*, 14(4):380–381.

Burge, C. and Karlin, S. (1997). Prediction of complete gene structures in human genomic DNA. *J Mol Biol*, 268:78–94.

Carrillo, H. and Lipman, D. J. (1988). The multiple sequence alignment problem in biology. *SIAM J. Appl. Math*, 48:1073–1082.

Chao, K. M., Pearson, W. R., and Miller, W. (1992). Aligning two sequences within a specified diagonal band. *Bioinformatics*, 8:481–487.

Dayhoff, M. O., Schwartz, R. M., and Orcutt, B. C. (1978). *Atlas of Protein Sequence and Structure*, volume 5, chapter : A model of evolutionary change in proteins, pages 345–352. Natl. Biomed. Res. Found., Washington, DC.

Durbin, R., Eddy, S., Krogh, A., and Mitchison, G. (1998). *Biological sequence analysis*. Cambridge University Press.

Eck, R. V. and Dayhoff, M. O. (1966). Atlas of protein sequence and structure. Natl Biomed Res Found, Silver Spring.

Emanuelsson, O., Nielsen, H., Brunak, S., and von Heijne G, G. (2000). Predicting subcellular localization of proteins based on their N-terminal amino acid sequence. *J Mol Biol*, 300:1005–1016.

Felsenstein, J. (1985). Confidence limits on phylogenies: an approach using bootstrap. *Evolution*, 39:783–791.

Felsenstein, J. (1989). Phylip – phylogeny inference package (version 3.2). *Cladistics*, 5:164–166.

Feng, D.-F. and Doolittle, R. F. (1987). Progressive sequence alignment as a prerequisite to correct phylogenetic trees. *J Mol Evol*, 25:351–360.

Feng, D.-F. and Doolittle, R. F. (1996). Progressive alignment of amino acid sequences and construction of phylogenetic trees from them. *Methods in Enzymology*, 266:368–382.

Fitch, W. M. (1970). Distinguishing homologous from analogous proteins. *Syst Zool*, 19(2):99–113.

Fitch, W. M. (1977). On the problem of discovering the most parsimonius tree. *Am Nat*, 111:223–257.

Frishman, D., Mokrejs, M., Kosykh, D., Kastenmuller, G., Kolesov, G., Zubrzycki, I., Gruber, C., Geier, B., Kaps, A., Albermann, K., Volz, A., Wagner, C., Fellenberg, M., Heumann, K., and Mewes, H.-W. (2003). The PEDANT genome database. *Nucl. Acids. Res.*, 31(1):207–211.

Frishman, D., Moronov, A., Mewes, H. W., and Gelfand, M. (1998). Combining diverse evidence for gene recognition in completely sequenced bacterial genomes. *Nucleic Acids Res*, 26:2941–2947.

Galtier, N., Gouy, M., and Gautier, C. (1996). SeaView and Phylo_win, two graphic tools for sequence alignment and molecular phylogeny. *Comput Applic Biosci*, 12:543–548.

Gardy, J. L., Spencer, C., Wang, K., Ester, M., Tusnady, G. E., Simon, I., Hua, S., deFays, K., Lambert, C., Nakai, K., and Brinkman, F. S. L. (2003). Psortb: improving protein subcellular localization prediction for gram-negative bacteria. *Nucleic Acids Res*, 31(13):3613–3617.

Gasteiger, E., Jung, E., and Bairoch, A. (2001). Swiss-prot: connecting biomolecular knowledge via a protein database. *Curr Issues Mol Biol.*, 3(3):47–55.

Gattiker, A., Gasteiger, E., and Bairoch, A. (2002). Scanprosite: a reference implementation of a prosite scanning tool. *Applied Bioinformatics*, 1:107–108.

GCG (2000). Program manual. *Wisconsin Package Version 10.0, Genetics Computer Group*.

Gelfand, M. S., Mironov, A. A., and Pevzner, P. A. (1996). Gene recognition via spliced alignment. *Nucleic Acids Res*, 93:9061–9066.

Gene Ontology Consortium (2004). The Gene Ontology (GO) database and informatics resource. *Nucl. Acids. Res.*, 32(90001):D258–261.

George, D. G., Barker, W., and Hunt, L. (1990). Mutation data matrix and its uses. *Methods in Enzymology*, 183:333–351.

Gorodkin, J., Staerfeldt, H. H., Lund, O., and Brunak, S. (1999). MatrixPlot: visualizing sequence constraints. *Bioinformatics*, 15:769–770.

Goto, S., Okuno, Y., Hattori, M., Nishioka, T., and Kanehisa, M. (2002). Ligand: database of chemical compounds and reactions in biological pathways. *Nucleic Acids Res*, 30:402–404.

Gough, J., Karplus, K., Hughey, R., and Chothia, C. (2001). Assignment of homology to genome sequences using a library of hidden markov models that represent all proteins of known structure. *J Mol Biol*, 313(4):903–919.

Gribskov, M., Homyak, M., Edenfield, J., and Eisenberg, D. (1988). Profile scanning for three-dimensional structural patterns in protein sequences. *Comput Appl Biosci*, 4(1):61–66.

Gribskov, M., McLachlan, A. D., and Eisenberg, D. (1987). Profile analysis: Detection of distantly related proteins. *Proc Natl Acad Sci*, 84:4355–4358.

Guan, X., Mural, R. J., Einstein, J. R., Mann, R. C., and Uberbacher, E. C. (1992). Grail: An integrated artificial intelligence system for gene recognition and interpretation. *The Eighth IEEE Conference on AI Applications*, pages 9–13.

Haft, D. H., Selengut, J. D., and White, O. (2003). The TIGRFAMs database of protein families. *Nucleic Acids Res*, 31(1):371–373.

Hasegawa, M. and Kishino, H. (1994). Accuracies of the simple methods for estimating the bootstrap probability of a maximum-likelihood tree. *Mol Biol Evol*, 11:142–145.

Henikoff, S. and Henikoff, J. (1991). Automated assembly of protein blocks for database searching. *Nucleic Acids Res*, 19:6565–6572.

Henikoff, S. and Henikoff, J. (1992). Amino acid substitution matrices from protein blocks. *Proc Natl Acad Sci*, 89:10915–10919.

Higgins, D. G., Thompson, J. D., and Gibson, T. J. (1996). Using CLUSTAL for multiple sequence alignments. *Methods in Enzymology*, 266:383–402.

Horton, P. and Nakai, K. (1999). Psort: a program for detecting sorting signals in proteins and predicting their subcellular localization. *Trends Biochem Sci*, 24:34–36.

Hulo, N., Sigrist, C. J. A., Saux, V. L., Langendijk-Genevaux, P. S., Bordoli, L., Gattiker, A., Castro, E. D., Bucher, P., and Bairoch, A. (2004). Recent improvements to the PROSITE database. *Nucleic Acids Res*, 32:D134–D137.

Jonassen, I. (1997). Efficient discovery of conserved patterns using a pattern graph. *Comput Appl Biosci*, 13(5):509–522.

Jonassen, I., Collins, J. F., and Higgins, D. (1995). Finding flexible patterns in unaligned protein sequences. *Protein Science*, 4(8):1587–1595.

Jones, D. T., Taylor, W. R., and Thornton, J. M. (1992). The rapid generation of mutation data matrices from protein sequences. *Comp Appl Biosci*, 8:275–282.

Junier, T. and Pagni, M. (2000). Dotlet: diagonal plots in a web browser. *Bioinformatics*, 16:178–179.

Kan, Z., Rouchka, E. C., Gish, W. R., and States, D. J. (2001). Gene structure prediction and alternative splicing analysis using genomically aligned ests. *Genome Research*, 11:889–900.

Kanehisa, M. (1997). A database for post-genome analysis. *Trends Genet*, 13:375–376.

Kanehisa, M. and Goto, S. (2000). Kegg: Kyoto encyclopedia of genes and genomes. *Nucleic Acids Res*, 28:27–30.

Karlin, S. and Altschul, S. F. (1990). Methods for assessing the statistical significance of molecular sequence features by using general scoring schemes. *Proc Natl Acad Sci*, 87:2264–2268.

Kent, W. J. (2002). BLAT - the Blast-like alignment tool. *Genome Research*, 12(4):656–664.

Korf, I., Flicek, P., Duan, D., and Brent, M. R. (2001). Integrating genomic homology into gene structure prediction. *Bioinformatics*, 17(Suppl 1):S140–S148.

Krogh, A. (2000). Using database matches with HMMGene for automated gene direction in *Drosophila*. *Genome Research*, 10:523–528.

Krogh, A., Mian, I. S., and Haussler, D. (1994). A hiddden Markov model that finds genes in *E. coli* DNA. *Nucleic Acids Res*, 22(22):4768–4778.

Kulp, D., Haussler, D., Reese, M. G., and Eckmann, F. H. (1996). A generalized Hidden Markov Model for the recognition of human gene in DNA. *Proc Int Conf Intell Syst Mol Biol*, pages 134–142.

Letunic, I., Goodstadt, L., Dickens, N. J., Doerks, T., Schultz, J., Mott, R., Ciccarelli, F., Copley, R. R., Ponting, C. P., and Bork, P. (2002). Recent improvements to the SMART domain-based sequence annotation resource. *Nucleic Acids Res*, 30(1):242–244.

Lipman, D. J., Altschul, S. F., and Kececioglu, J. D. (1989). A tool for multiple sequence alignment. *Proc Natl Acad Sci*, 86:4412–4415.

Lipman, D. J. and Pearson, W. R. (1985). Rapid and sensitive protein similarity searches. *Science*, 85:1435–1441.

Lukashin, A. V. and Borodovsky, M. (1998). GeneMark.hmm: new solutions for gene finding. *Nucleic Acids Res*, 26(4):1107–1115.

Maizel, J. V. and Lenk, R. P. (1981). Enhanced graphic matrix analysis of nucleic acid and protein sequences. *Proc Natl Acad Sci*, 78:7665–7669.

Marchler-Bauer, A., Anderson, J. B., DeWeese-Scott, C., Fedorova, N. D., Geer, L. Y., He, S., Hurwitz, D. I., Jackson, J. D., Jacobs, A. R., Lanczycki, C. o. J., Liebert, C. A., Liu, C., Madej, T., Marchler, G. H., Mazumder, R. a., Nikolskaya, A. N., Panchenko, A. R., Rao, B. S., Shoemaker, B. A., Simony an, V., Song, J. S., Thiessen, P. A., Vasudevan, S., Wang, Y., Yamashita, R. A. ., Yin, J. J., and Bryant, S. H. (2003). CDD: a curated Entrez database of conserved domain alignments. *Nucl. Acids. Res.*, 31(1):383–387.

Mathe, C., Sagot, M., Schiex, T., and Rouze, P. (2002). Current methods of gene prediction, their strenghts and weakness. *Nucleic Acids Res*, 30(19):4103–4117.

Mulder, N. J., Apweiler, R., Attwood, T. K., Bairoch, A., Barrell, D., Batem an, A., Binns, D., Biswas, M., Bradley, P., Bork, P., Bucher, P., Copley, R. r. R., Courcelle, E., Das, U., Durbin, R., Falquet, L., Fleischmann, W., Griffiths-Jones, S., Haft, D., Harte, N., Hulo, N., Kahn, D., Kanapin, A., Krestyaninova, M., Lopez, R., Letunic, I., Lonsdale, D., Silventoinen, V., Orchard, S. E., Pagni, M., Peyruc, D., Ponting, C. P., Selengut, J. D., Servant, F., Sigrist, C. J. A., Vaughan, R., and Zdobnov, E. M. (2003). The InterPro Database, 2003 brings increased coverage and new features. *Nucl. Acids. Res.*, 31(1):315–318.

Nakai, K. and Kanehisa, M. (1991). Expert system for predicting protein localization sites in gram-negative bacteria. *PROTEINS: Structure, Function, and Genetics*, 11:95–110.

Needleman, S. B. and Wunsch, C. D. (1970). A general method applicable to the search for similarities in the aminoacid sequence of two proteins. *J Mol Biol*, 48:443–453.

Nevill-Manning, C. G., Huang, C. N., and Brutlag, D. L. (1997). Pairwise protein sequence alignment using Needleman-Wunsch and Smith-Waterman algorithms. *personal communication.*

Nielsen, H., Engelbrecht, J., Brunak, S., and on Heijne, G. (1997). Identification of prokaryotic and eukaryotic signal peptides and prediction of their cleavage sites. *Protein engineering*, 10:1–6.

Ning, Z., Cox, A. J., and Mullikin, J. C. (2001). SSAHA: A fast search method for large DNA databases. *Genome Research*, 11(10):1725–1729.

Pearson, W. (1994). Using the fasta program to search protein and dna sequence databases. *Methods Mol Biol*, 24:307–331.

Pearson, W. R. (2000). Flexible sequence similarity searching with the FASTA3 program package. *Methods in Molecular Biology: Bioinformatics Methods and Protocols*, 132:185–219.

Pearson, W. R. and Lipman, D. J. (1988). Improved tools for biological sequence comparison. *Proc Natl Acad Sci*, 85:2444–2448.

Pertea, M., Lin, X., and Salzberg, S. L. (2001). GeneSplicer: A new computational method for splice site prediction. *Nucleic Acids Res*, 29:1185–1190.

Pertea, M. and Salzberg, S. L. (2002). Computational gene finding in plants. *Plant Mol Biol*, 48:39–48.

Pietrokovoski, S. (1996). Searching databases of conserved sequence regions by aligning protein multiple-alignments. *Nucleic Acids Res*, 24:3836–3845.

Plewniak, F., Bianchetti, L., Brelivet, Y., Carles, A., Chalmel, F., Lecompte, O., Mochel, T., Moulinier, L., Muller, A., Muller, J., Prigent, V., Ripp, R., Thierry, J.-C., Thompson, J. D., Wicker, N., and Poch, O. (2003). PipeAlign: a new toolkit for protein family analysis. *Nucleic Acids Res*, 31(13):3829–3832.

Plewniak, F., Thompson, J., and Poch, O. (2000). Ballast: Blast post-processing based on locally conserved segments. *Bioinformatics*, 16(9):750–759.

Pontius, J. U., Wagner, L., and Schuler, G. D. (2003). *The NCBI Handbook*, chapter : UniGene: a unified view of the transcriptome. National Center for Biotechnology Information.

Reese, M. G., Hartzell, G., Harris, N. L., Ohler, U., Abril, J. F., and Lewis, S. z. E. (2000). Genome Annotation Assessment in Drosophila melanogaster. *Genome Res.*, 10(4):483–501.

Rice, P., Longden, I., and Bleasby, A. (2000). Emboss: The european molecular biology open software suite. *Trends in Genetics*, 16(16):276–277.

Rost, B. (1996). PHD: predicting one-dimensional protein structure by profile based neural networks. *Meth in Enzymolgy*, 266:525–539.

Rozen, S. and Skaletsky, H. J. (2000). *Bioinformatics Methods and Protocols: Methods in Molecular Biology*, chapter : Primer3 on the WWW for general users and for biologist programmers, pages 365–386. Humana Press.

Saitou, N. and Nei, M. (1987). The neighbor-joining method: a new method for reconstructing phylogenetic trees. *Mol Biol Evol*, 4:406–425.

Salamov, A. and Solovyev, V. (2000). Ab initio gene finding in drosophila genomic DNA. *Genome Research*, 10:516–522.

Schneider, T. D. and Stephens, R. M. (1990). Sequence logos: a new way to display consensus sequences. *Nucleic Acids Res*, 18:6097–6100.

Schomburg, I., Chang, A., Ebeling, C., Gremse, M., Heldt, C., Huhn, G., and Schomburg, D. (2004). Brenda, the enzyme database: updates and major new developments. *Nucleic Acids Res*, 32:D431–D433.

Scordis, P., Flower, D. R., and Attwood, T. (1999). Fingerprintscan: intelligent searching of the prints motif database. *Bioinformatics*, 15:799–806.

Servant, F., Bru, C., Carrere, S., Courcelle, E., Gouzy, J., Peyruc, D., and Kahn, D. (2002). Prodom: Automated clustering of homologous domains. *Briefings in Bioinformatics*, 3(3):246–251.

Silverstein, K. A. T., Kilian, A., Freeman, J. L., and Retzel, E. F. (2000). Panal: an integrated resource for protein sequence analyis. *Bioinformatics*, 16:1157–1158.

Smith, H. (1990). Finding sequence motifs in groups of functionally related proteins. *Proc Natl Acad Sci*, 87:826–830.

Smith, H. O., Annau, T. M., and Chandrasegaran, S. (1990). Finding sequence motifs in groups of functionally related proteins. *Proc Natl Acad Sci*, 87:826–830.

Smith, T. and Waterman, M. S. (1981a). Comparison of biosequences. *Advances in Applied Mathematics*, 2:482–489.

Smith, T. and Waterman, M. S. (1981b). Identification of common molecular subsequences. *J Mol Biol*, 147:195–197.

Sonnhammer, E. L. L. and Durbin, R. (1995). A dot-matrix program with the dynamic threshold control suited for genomic dna and protein sequence analysis. *Gene*, 167:GC1–10.

Storno, G. D. (1990). Consensus patterns in DNA. *Methods Enzymol*, 183:211–221.

Storno, G. D. (2000). Gene-finding approaches for eukaryotes. *Genome Research*, 10.

Stoye, J. (1998). Multiple sequence alignment with the divide-and-conquer method. *Gene*, 211:GC45–GC56.

Tateno, Y., Miyazaki, S., Ota, M., Sugawara, H., and Gojobori, T. (2000). DNA data bank of japan (DDBJ) in collaboration with mass sequencing teams. *Nucleic Acids Res*, 28:24–26.

Thompson, J. D., Higgins, D. G., and Gibson, T. J. (1994). CLUSTAL W: improving the sensitivity of progressive multiple sequence alignment through sequence weighting, position-specific gap penalties and weight matrix choice. *Nucleic Acids Res*, 22:4673 – 4680.

Thompson, J. D., Plewniak, F., and O.Poch (2000). DbClustal: rapid and reliable global multiple alignments of protein sequences detected by database searches. *Nucleic Acids Res*, 28(15):2919–2926.

Thompson, J. D., Plewniak, F., and Poch, O. (1999). A comprehensive comparison of multiple sequence alignment programs. *Nucleic Acids Res*, 27(13):2682–2690.

Thompson, J. D., Prigent, V., and Poch, O. (2004). LEON: multiple aLignment Evaluation Of Neighbours. *Nucleic Acids Res*, 32(4):1298–1307.

Thompson, J. D., Thierry, J. C., and Poch, O. (2003). RASCAL: rapid scanning and correction of multiple sequence alignments. *Bioinformatics*, 19(9):1155–1161.

Usuka, J. and Brendel, V. (2000). Gene structure prediction by spliced alignment of genomic DNA with protein sequences: increased accuracy by differential splice site scoring. *J Mol Biol*, 297(5):1075–1085.

Usuka, J., Zhu, W., and Brendel, V. (2000). Optimal spliced alignment of homologous cDNA to a genomic dna template. *Bioinformatics*, 16(3):203–211.

Wheeler, D. L., Chappey, C., Lash, A. E., Leipe, D. D., Madden, T. L., Schuler, G. D., Tatusova, T. A., and Rapp, B. A. (2000). Database resources of the National Center for Biotechnology Information. *Nucleic Acids Res*, 28:10–14.

Wicker, N., Dembele, D., Raffelsberger, W., and Poch, O. (2002). Density of points clustering, application to transcriptomic data analysis. *Nucleic Acids Res*, 30(18):3992–4000.

Wicker, N., Perrin, G. R., Thierry, J. C., and Poch, O. (2001). Secator: a program for inferring protein subfamilies from phylogenetic trees. *Mol Biol Evol*, 18(8)::1435–1441.

Wilbur, W. J. and Lipman, D. J. (1983). Rapid similarity search of nucleic acid and protein data banks. *Proc Natl Acad Sci*, 80:726–730.

Womble, D. D. (2000). GCG: The wisconsin package of sequence analysis programs. *Methods in Molecular Biology: Bioinformatics Methods and Protocols*, 132:3–22.

Wootton, J. and Federhen, S. (1996). Analysis of compositionally biased regions in sequence databases. *Methods Enzymol.*, 266:554–571.

Wu, C. H., Huang, H., Arminski, L., Castro-Alvear, J., Chen, Y., Hu, Z.-Z., Ledley, R. S., Lewis, K. C., Mewes, H.-W., Orcutt, B. C., Suzek, B. E., Tsugita, A., Vinayaka, C. R., Yeh, L.-S. L., Zhang, J., and Barker, W. C. (2002). The Protein Information Resource: an integrated public resource of functional annotation of proteins. *Nucl. Acids. Res.*, 30(1):35–37.

Wu, C. H., Yeh, L.-S. L., Huang, H., Arminski, L., Castro-Alvear, J., Chen, Y., Hu, Z., Kourtesis, P., Ledley, R. S., Suzek, B. E., Vinayaka, C., Zhang, J., and Barker, W. C. (2003). The Protein Information Resource. *Nucleic Acids Res*, 31(1):345–347.

Yeh, R.-F., Lim, L. P., and Burge, C. B. (2001). Computational inference of homologous gene structures in the human genome. *Genome Research*, 11:803–816.

Zdobnov, E. M. and Apweiler, R. (2001). Interproscan - an integration platform for the signature-recognition methods in interpro. *Bioinformatics*, 17(9):847–848.

Zhang, Z., Schaeffer, A. A., Miller, W., Madden, T. L., Lipman, D. J., Koonin, E. V., and Altschul, S. F. (1998). Protein sequence similarity searches using patterns as seeds. *Nucleic Acids Res*, 26:3986–3990.

Zhang, Z., Schwartz, S., Wagner, L., and Miller, W. (2000). A greedy algorithm for aligning DNA sequences. *J Comput Biol.*, 7(1-2):203–214.

Index

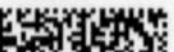